어메이징
샌드워커

LAST OF THE SANDWALKERS

LAST OF THE SANDWALKERS
by Jay Hosler

Copyright © 2015 by Jay Hosler
All rights reserved.

This Korean edition was published by Kungree Press in 2016 by arrangement with First Second, an imprint of Roaring Brook Press, a division of Holtzbrinck Publishing Holdings Limited Partnership through KCC(Korea Copyright Center Inc.), Seoul.

이 책은 (주)한국저작권센터(KCC)를 통한 저작권자와의 독점계약으로 궁리출판에서 출간되었습니다. 저작권법에 의해 한국 내에서 보호를 받는 저작물이므로 무단 전재와 복제를 금합니다.

어메이징 샌드워커

LAST OF THE SANDWALKERS

작은 딱정벌레의 위대한 탐험,
SF 코믹 버전의 '파브르 곤충기'

제이 호슬러 글·그림 | 노승영 옮김

이 책에 쏟아진 찬사들

"과학에 스토리텔링을 접목한 빼어난 작품!" —《보잉보잉》

"탐사의 새 시대를 이야기한다. 발견, 배신, 계시의 이야기. 참… 벌레 이야기라는 것, 말했던가?!"
—스탠 사카이, 『우사기 요짐보(兎用心棒)』 저자

"생물학자 제이 호슬러 박사는 곤충에 대한 과학 지식을 만화책에 담았는데, 그 결과는 예상을 뛰어넘는다. 이 흥미진진한 이야기에는 다른 생명의 존재를 알지 못하는 고립된 딱정벌레 사회가 등장한다. 우리의 용감한 주인공 루시는 오아시스 너머를 탐험하는 과학 탐사대를 이끌며 새와 뱀 등의 무시무시한 동물과, 딱정벌레를 무지의 장막에 가둔 사악한 구세대의 음모를 밝혀낸다. 과학을 짓누를 수는 없어!"
—《뉴욕타임스 북리뷰》

"『반지의 제왕』에 맞먹는 스케일과 완성도를 갖춘 신화. … 등장인물들은 인간과 거리가 멀지만 지극히 인간적이다." —《북리스드》

"고작 땅 위 몇 밀리미터 높이에서 바라본 세상이 이렇게 흥미롭다니! 호슬러는 실제 과학 지식을 이야기 곳곳에 버무려 딱정벌레가 자연에 적응한 근사하고도 놀라운 방법들을 보여준다. 여기에다 가족애, 용서, 사상의 자유 같은 주제를 곁들였으며 심지어 큰턱의 왕눈이 곤충들을 너무 만화적으로 묘사하지 않고도 풍부한 감정을 표현한다." —《퍼블리셔스 위클리》

"지식 추구와 만화의 힘에 푹 빠진 저자는 절대 잊지 못할 곤충들을 창조했다." —《커커스》

"모험과 SF가 아름답게 어우러졌으며 유머가 풍부하다. 반전에 반전이 거듭되어 끝까지 긴장을 늦출 수 없다. … 요즘 읽은 책 중에서 가장 재밌게 읽은 책으로 꼽고 싶다." —《블리딩 쿨》

"이 책은 만화책을 읽지 않는 독자도 즐겁게 읽을 수 있다. 곤충들이 처음 겪는 시련의 이야기가 흥미롭게 펼쳐진다. 적절한 속도의 흥미진진한 진행으로 아이와 어른 모두 재미있게 읽을 수 있는 데다, 곤충의 삶에 대한 모든 사실들은 과학에 근거를 두고 있다." —《오픈북 소사이어티》

"디즈니 만화영화의 전통에 정확히 부합하는 이야기다. 의인화된 동물이 동료들을 위해 용감히 나서 전통과 가정 같은 관념을 탐구하고 세상에서 자신의 위치를 찾는다. 여기에 호슬러의 생생한 그림이 크나큰 역할을 했다. 그는 땅 위 몇 밀리미터 높이에서 바라본 세상을 그려내는 대단한 일을 해냈다."
—《패널스(Panels)》

"반은 만화책이고 반은 모험 이야기이며 흥미진진하고 재미있고 교훈적인 책이다!"
—《워드 스펠링킹》(블로그)

"이 책을 읽고서, 탄탄한 스토리텔링뿐 아니라 어마어마한 양의 과학 지식에 정신이 멍했다. … 그림도 매혹적이다." —《왓차 리딩》(블로그)

"멋진 그림을 곁들인 매혹적인 읽을거리인 이 책은 생물학, 특히 곤충학에 관심이 있지만 글자가 빽빽한 책을 읽기엔 아직 버거운 아동과 청소년에게 제격인 만화책이다." —《컴퍼스 북 리뷰》

"과학적 호기심과 탐구의 정신에다 엄청난 시련에 맞서 승리하는 가족의 이야기와 어우러진 개성 넘치는 책이다. 신나고 재미있다!" —《틴리드(TeenReads)》

이 책에 대한 첫 아이디어를 떠올린 것은 10여 년 전입니다. 제 목표는 곤충들의 생물학과 자연사에 대한 이해를 바탕으로 전개되는 흥미진진한 이야기를 쓰는 것이었습니다. 감히 말씀드리지만 엄청 재미있을 거라 생각했습니다. 딱정벌레는 놀라운 성공을 거둔 곤충입니다. 포유류, 조류, 파충류, 양서류, 어류를 합친 것보다 종수가 많습니다. 진화적으로 이렇게 어마어마한 성공을 거둔 동물에게 어떻게 매혹되지 않을 수 있겠습니까? 딱정벌레의 어떤 점이 그렇게 대단할까요? 제가 보기에 정답은 상상할 수 있는 모든 종이 딱정벌레목에 들어 있다는 것입니다. 사회적 딱정벌레가 있을까요? 있습니다. 빛나는 딱정벌레가 있을까요? 있습니다. 물속에서 헤엄치는 딱정벌레가 있을까요? 있습니다. 관절에서 지독한 독성 물질을 분비하는 딱정벌레가 있을까요? 있습니다. 우리의 판타지에는 마법적이고 초자연적인 존재가 가득하지만, 땅바닥을 기어다니는 딱정벌레 영웅들은 한 번도 눈에 띄지 않았습니다. 이 영웅들의 이야기를 독자 여러분께 소개하게 되어 더없이 기쁘고 즐겁습니다.

- 제이 호슬러

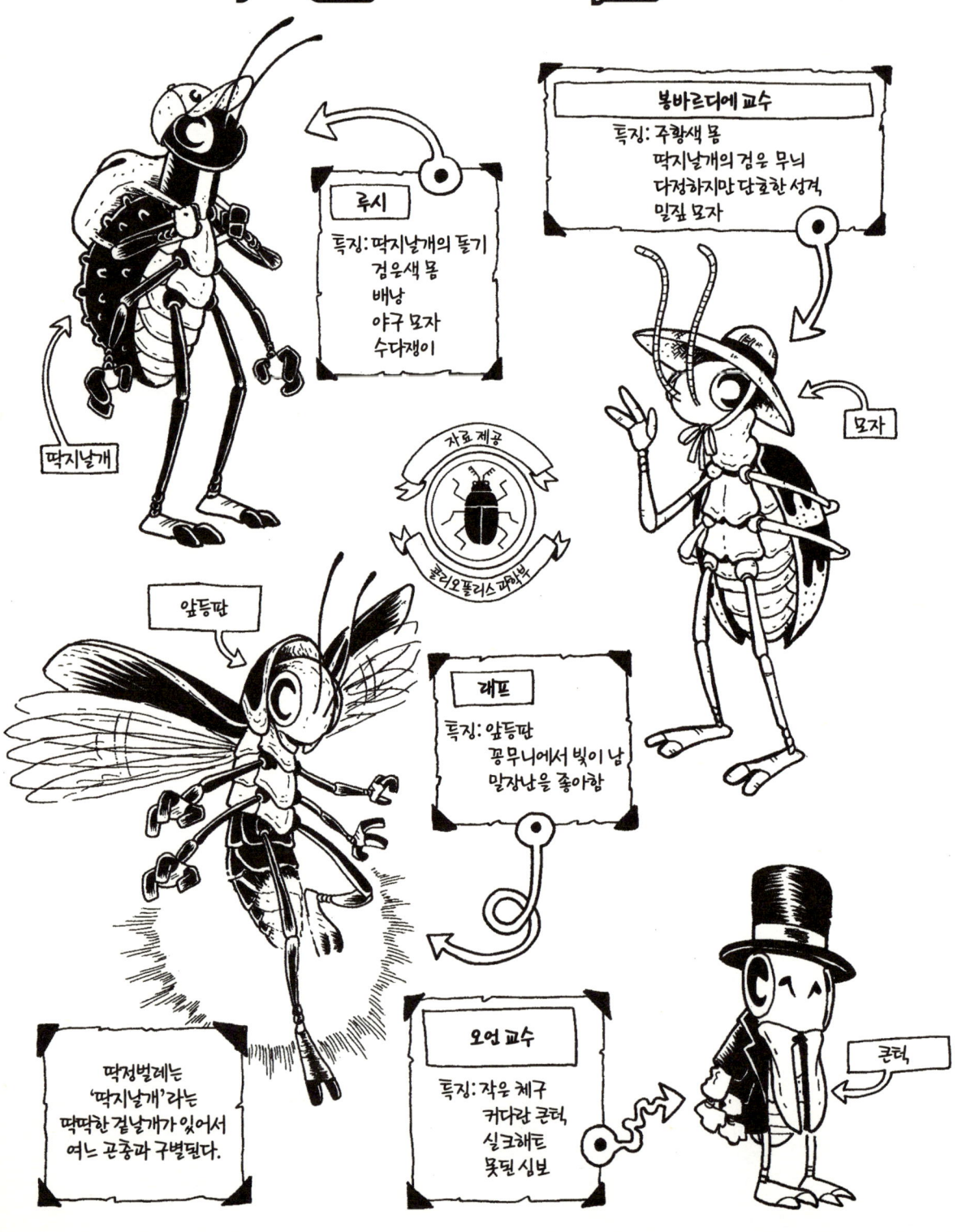

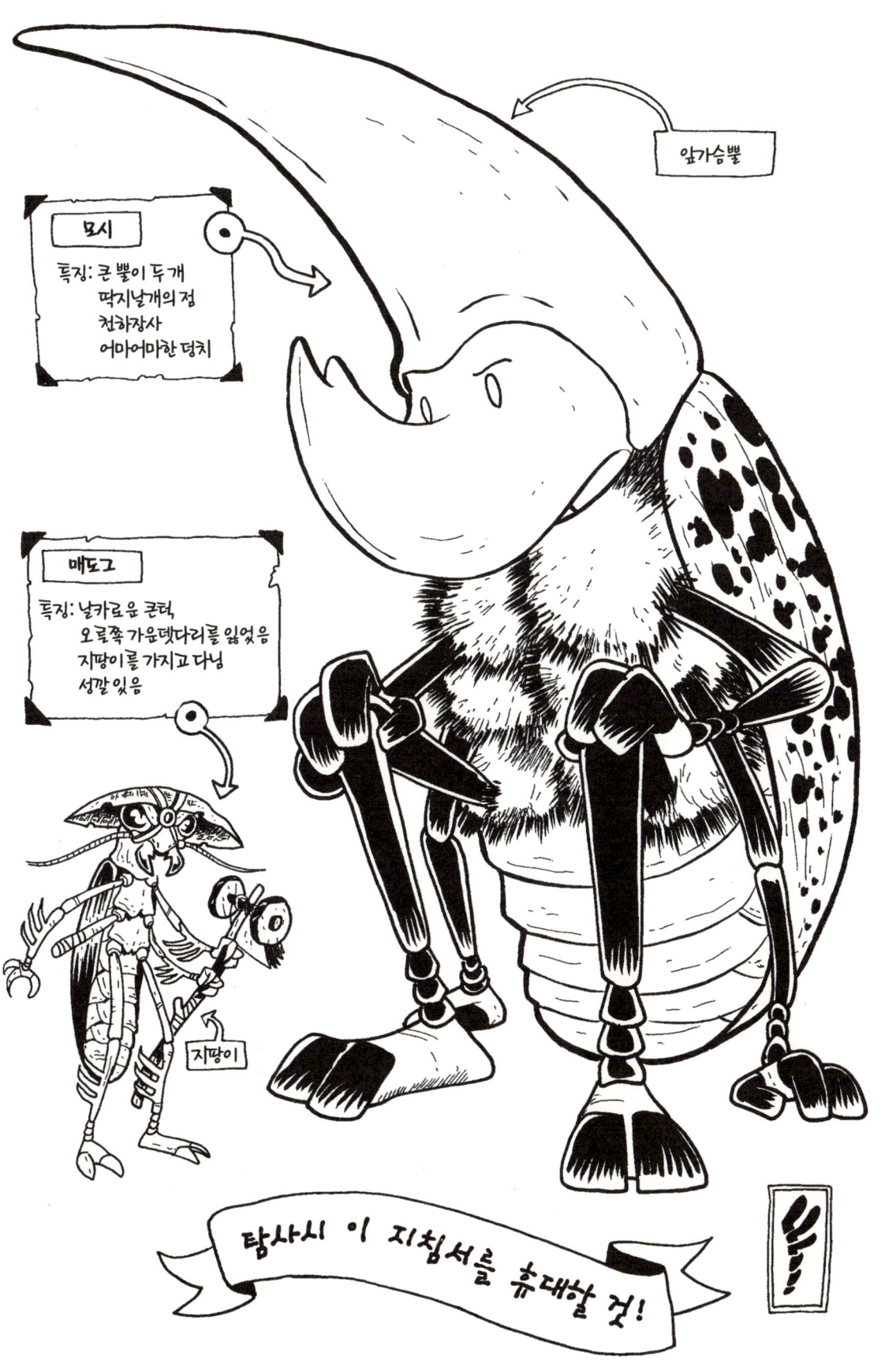

Chapter 1

루시의 일기
코코넛력 기원 1002년 2월 15일

오늘 아침,
뉴콜리오폴리스를 떠났다.
팡파르도 없이.

오아시스 너머에서 생명의 존재를 찾는 제1차 탐사대의 대장으로 임명된 것은 과학자로서 가장 중요한 순간이었어야 마땅하다.
하지만 우리는 아침 안갯속을 배회하는 유령처럼 도시를 빠져나왔다.
뭐, 상관없다. 동료들은 대부분 우리가 실패할 거라고 확신하고 있으니까.

우리는 말없이 서쪽 관문을 통과했다.

한낮이 되자 주변의 올드콜리오폴리스가 보였다. 이 광경을 보니 침울한 기분이 싹 달아났다.
내가 알기로 올드콜리오폴리스를 목격한 딱정벌레는 1000년 만에 우리가 처음이다.

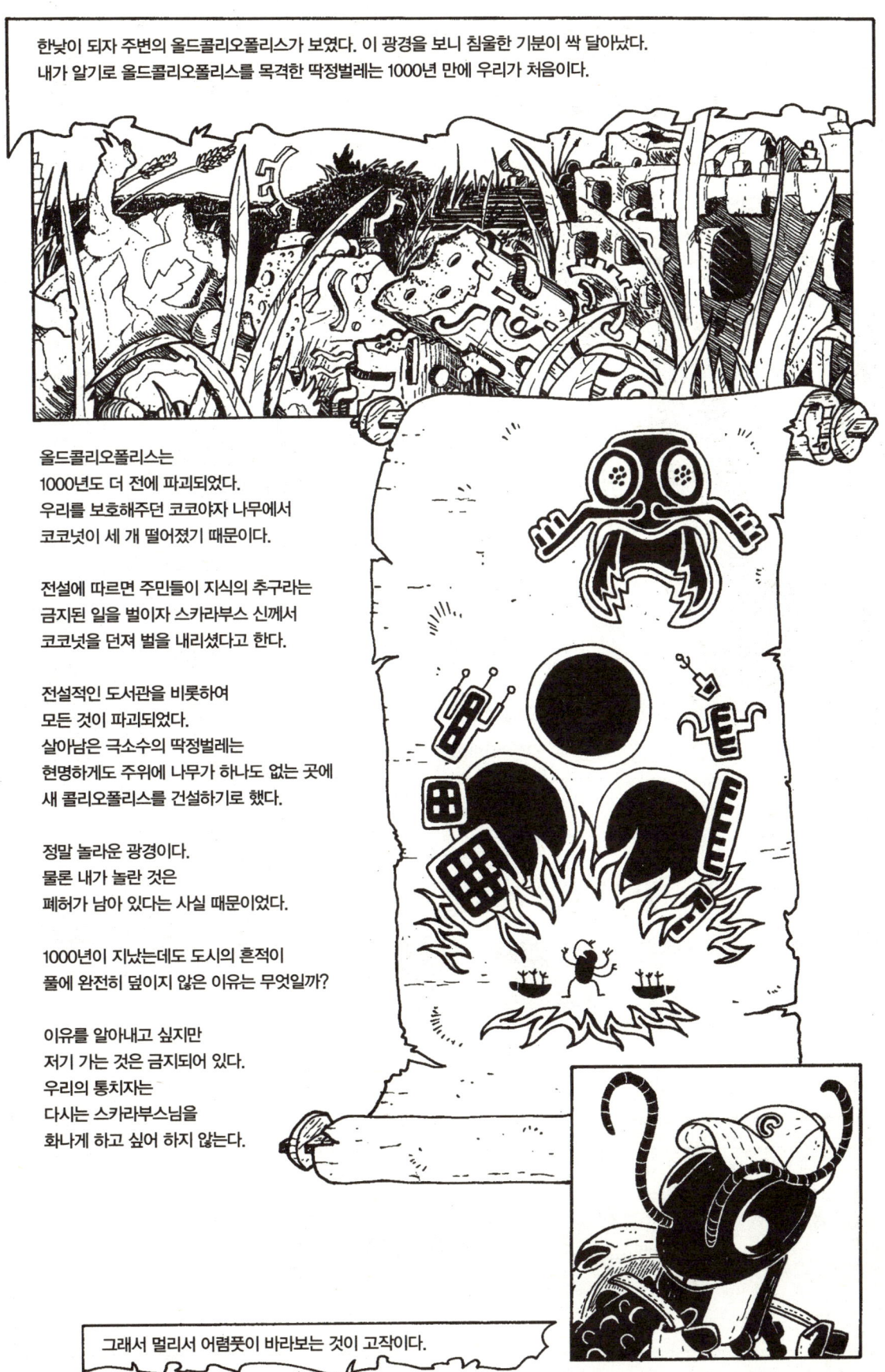

올드콜리오폴리스는
1000년도 더 전에 파괴되었다.
우리를 보호해주던 코코야자 나무에서
코코넛이 세 개 떨어졌기 때문이다.

전설에 따르면 주민들이 지식의 추구라는
금지된 일을 벌이자 스카라부스 신께서
코코넛을 던져 벌을 내리셨다고 한다.

전설적인 도서관을 비롯하여
모든 것이 파괴되었다.
살아남은 극소수의 딱정벌레는
현명하게도 주위에 나무가 하나도 없는 곳에
새 콜리오폴리스를 건설하기로 했다.

정말 놀라운 광경이다.
물론 내가 놀란 것은
폐허가 남아 있다는 사실 때문이었다.

1000년이 지났는데도 도시의 흔적이
풀에 완전히 덮이지 않은 이유는 무엇일까?

이유를 알아내고 싶지만
저기 가는 것은 금지되어 있다.
우리의 통치자는
다시는 스카라부스님을
화나게 하고 싶어 하지 않는다.

그래서 멀리서 어렴풋이 바라보는 것이 고작이다.

Chapter 2

잘 잤어?
아무도 못 움직여?

못하겠어.

아직은 안 돼.

넌 어때, 래프?

래프?

래프.
잠 깼어요?

래프?

래프!

자자,
겁먹지 말라구.

누가
래프 깨워볼래?

내가
해볼게.

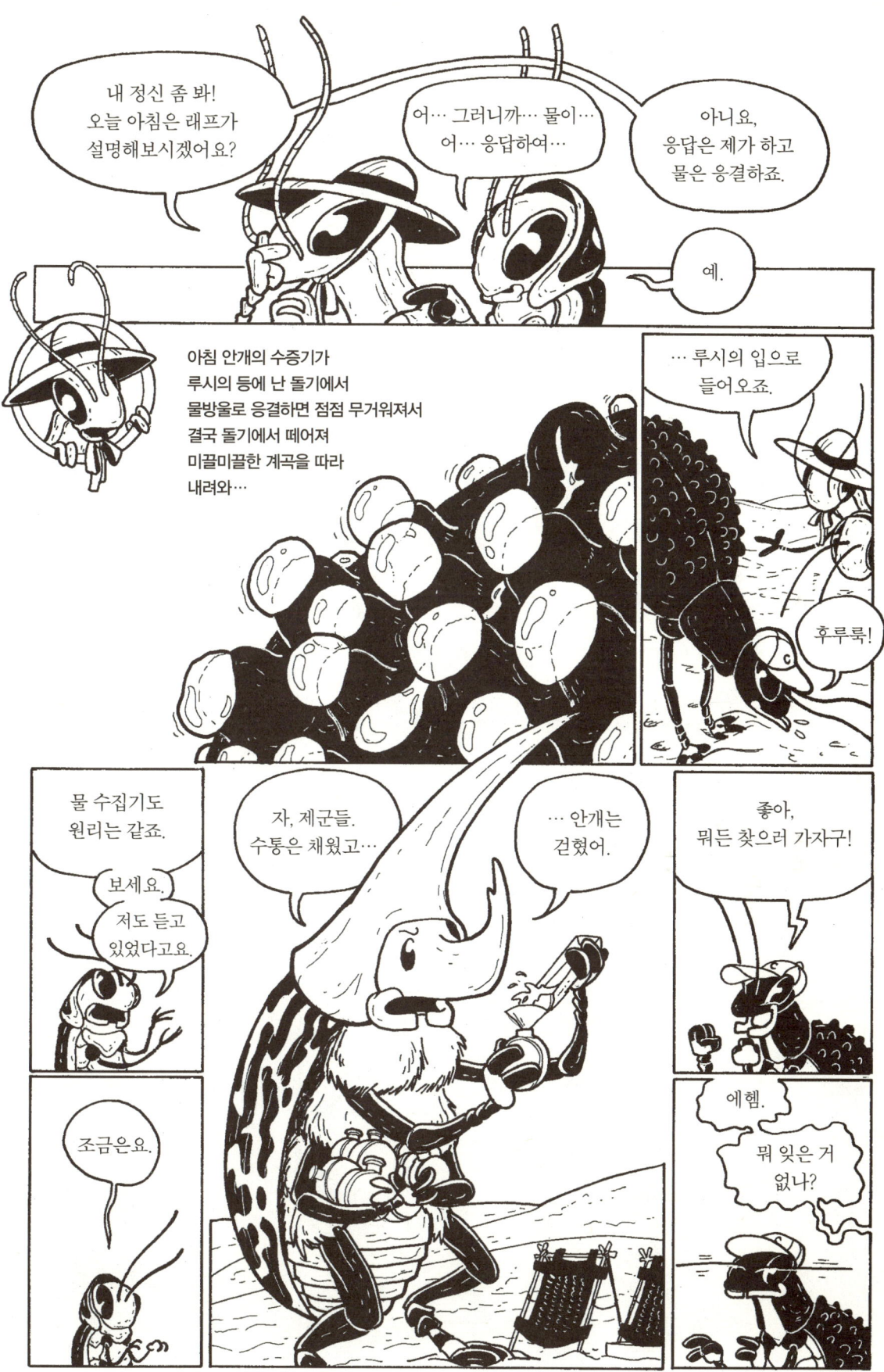

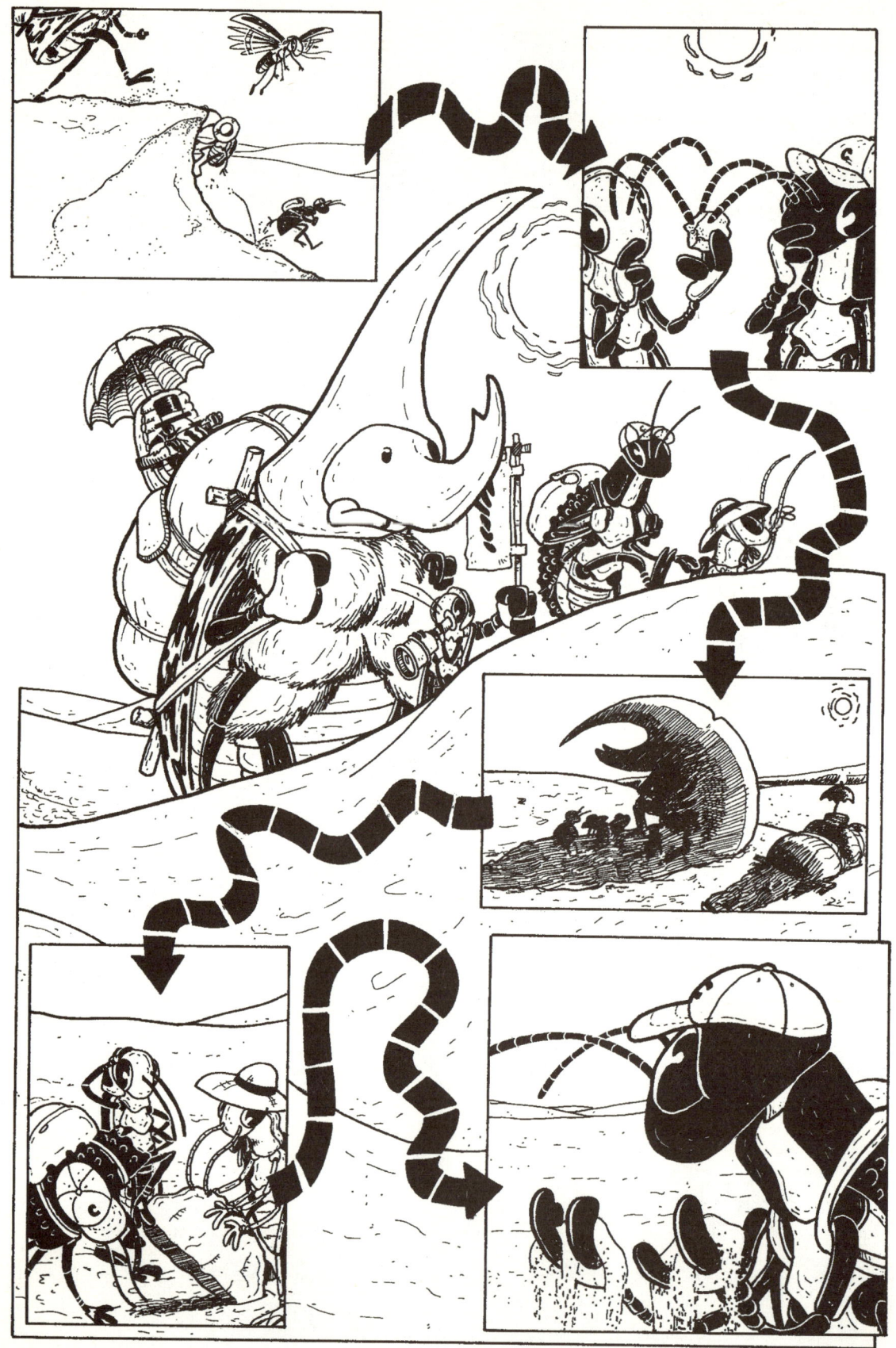

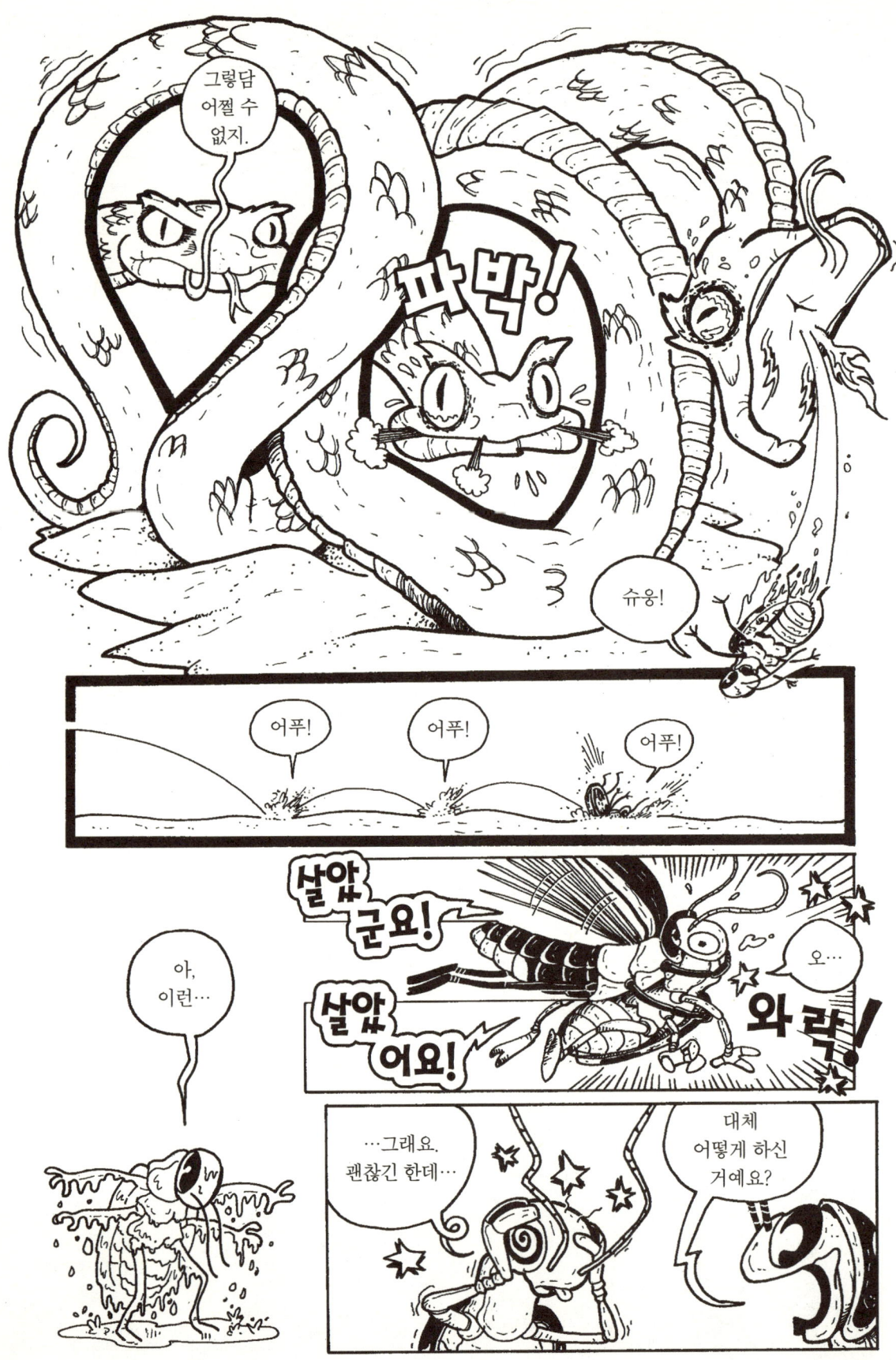

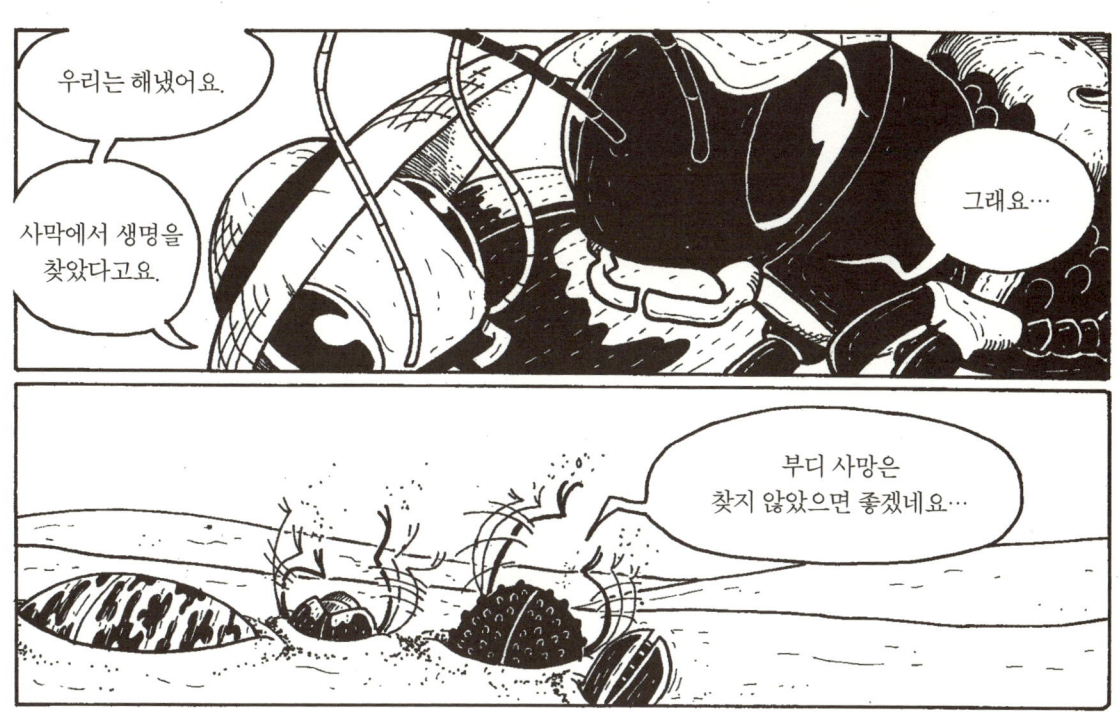

Chapter 3

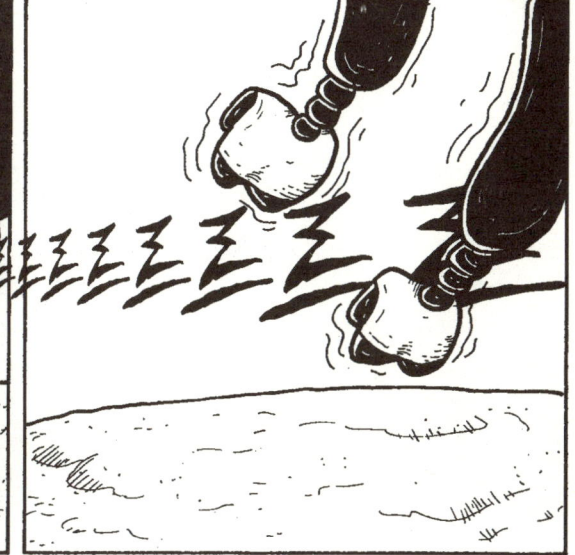

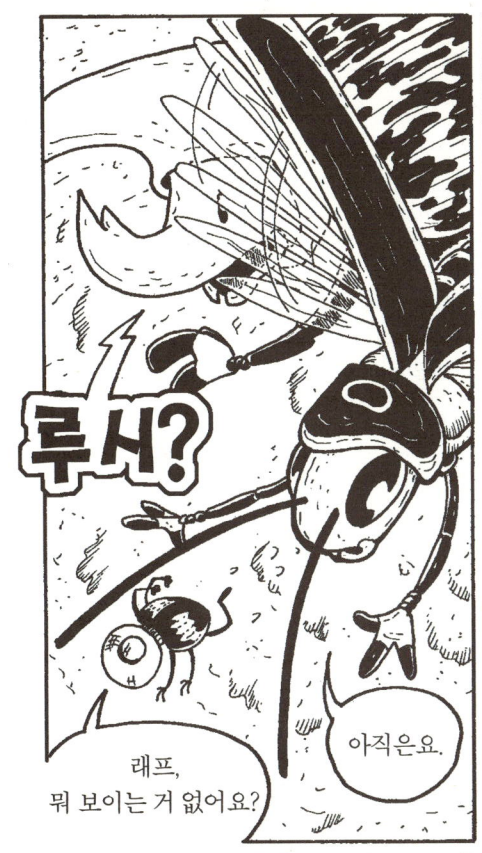

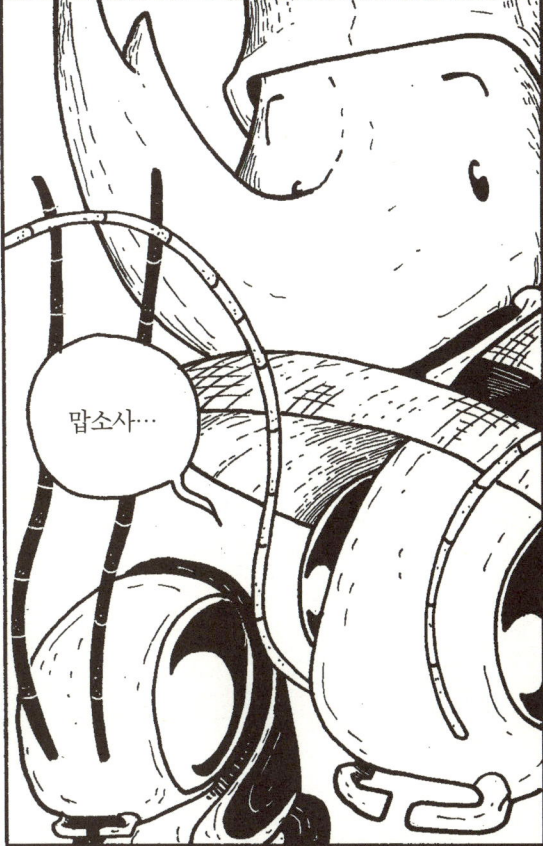

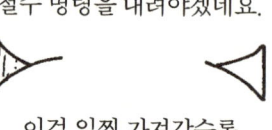

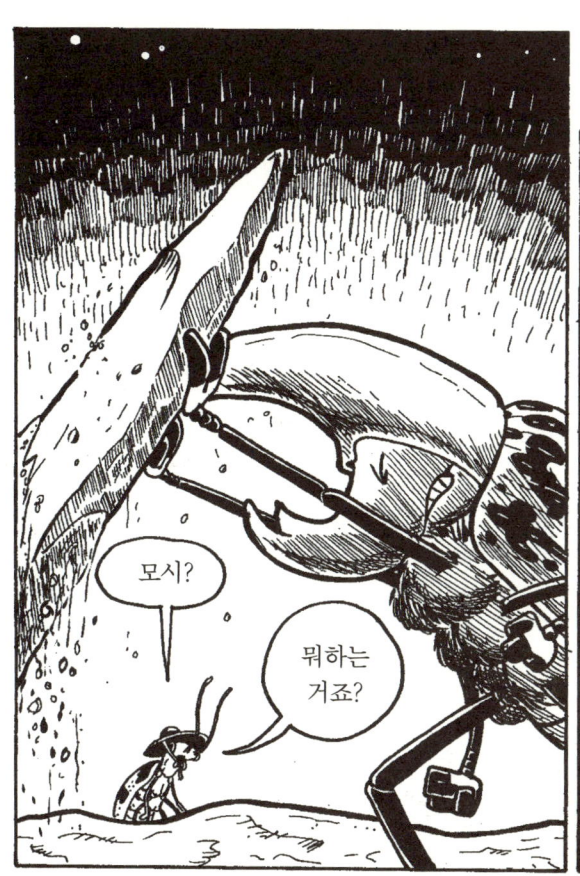

어둡고 추워져요, 루시.

냉각혼수까지 약 한 시간 남았어요.

앗... 물품을 잊고 있었네.

뭐 찾은 거 있어?

고치침낭 다섯 개 중 두 개(나의 특대형까지 해서), 물 수집기 두 개, 봉바르디에 교수님 화학 분석장비, 고리 달린 밧줄.

여기요, 오언 박사님. 저희는 모시 침낭에서 잘게요.

안전을 위해서 저희 곁에서 주무시는 게 어때요?

웃기지 말게.

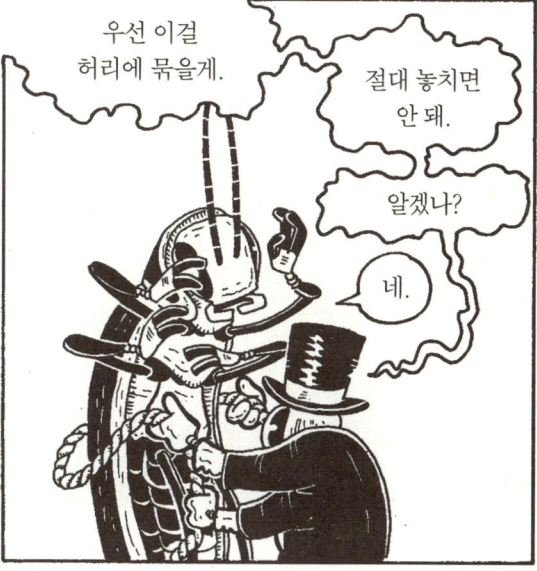

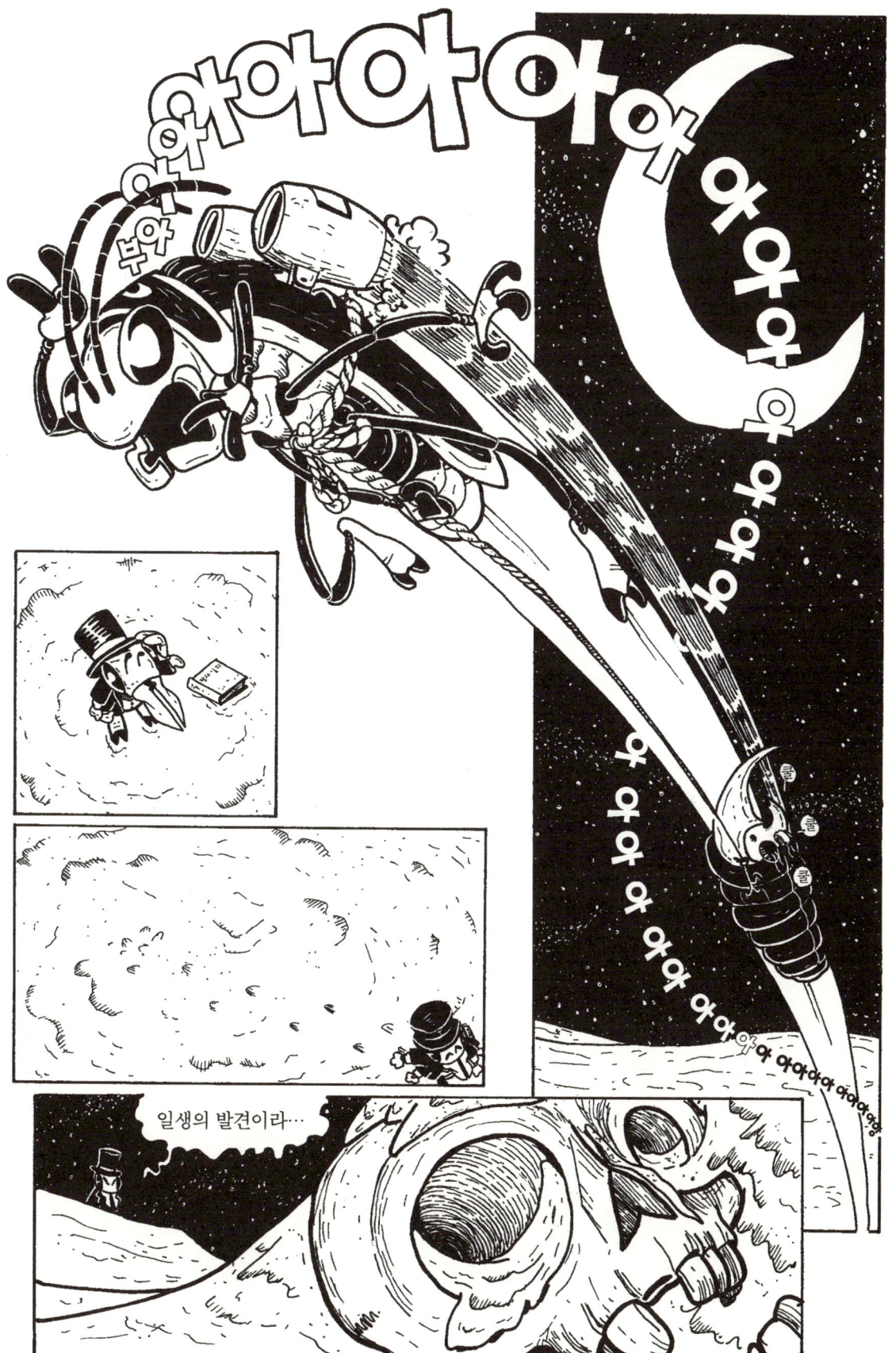

Chapter 4

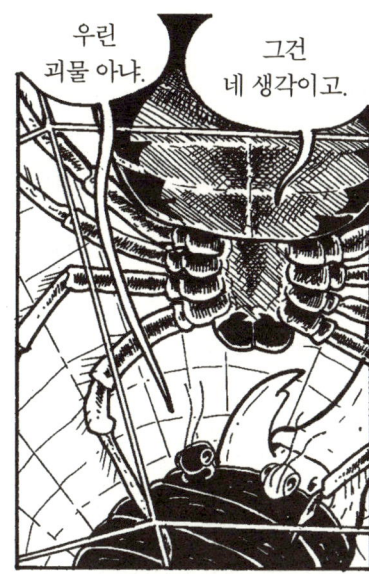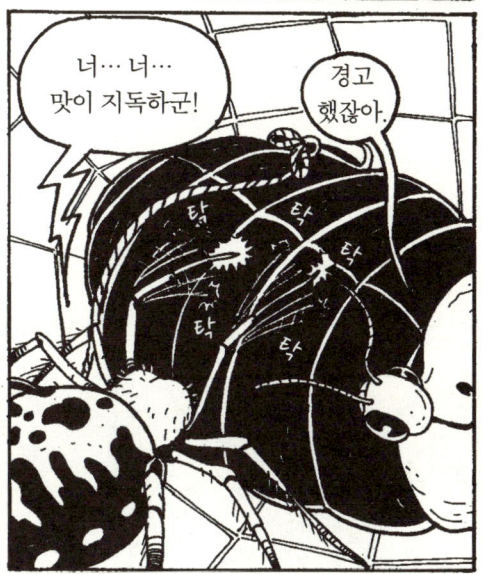

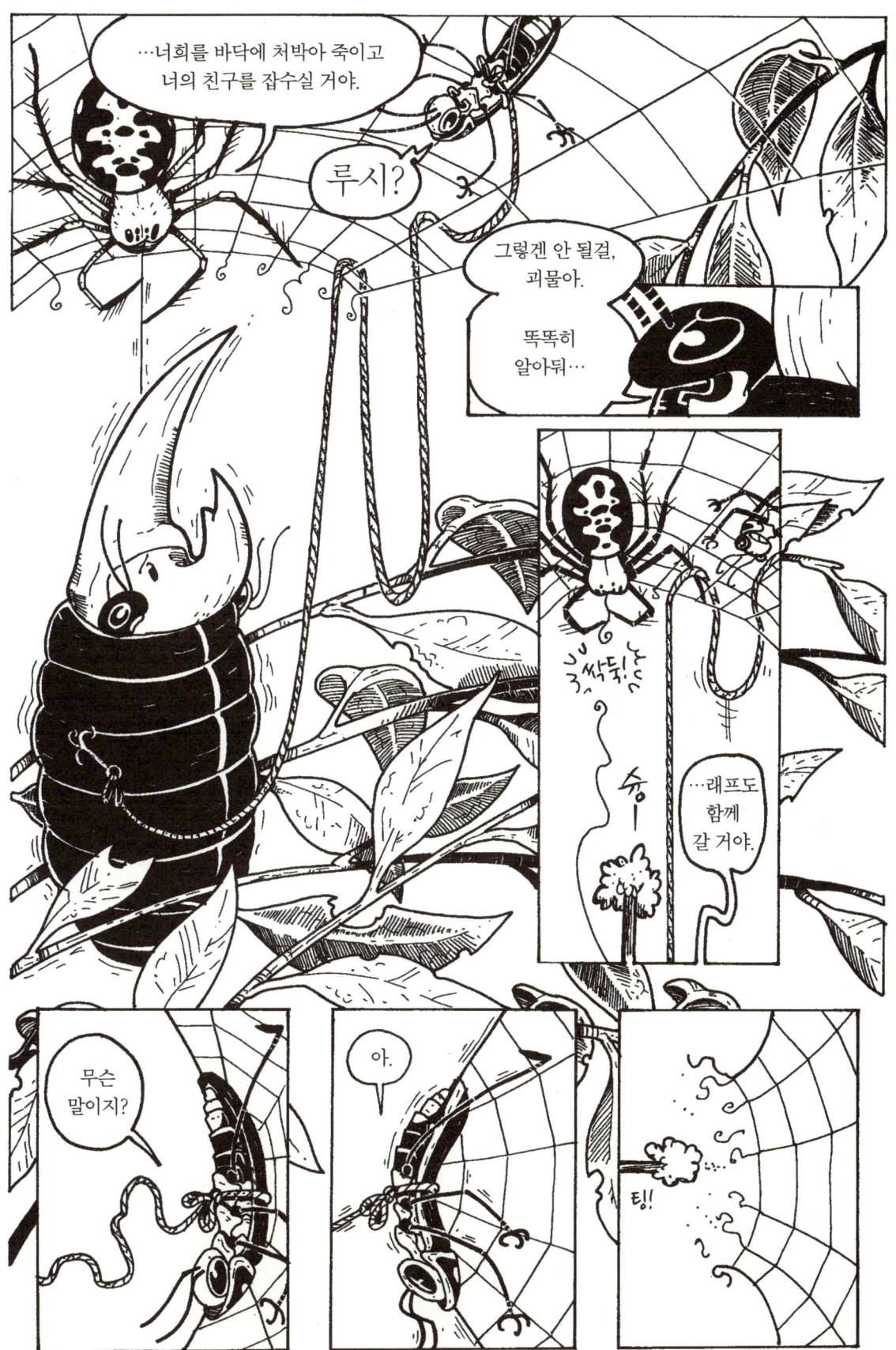

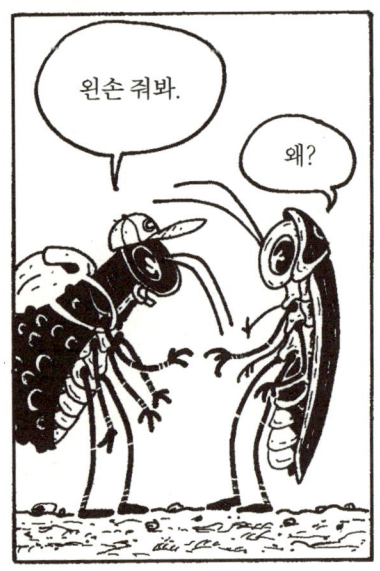

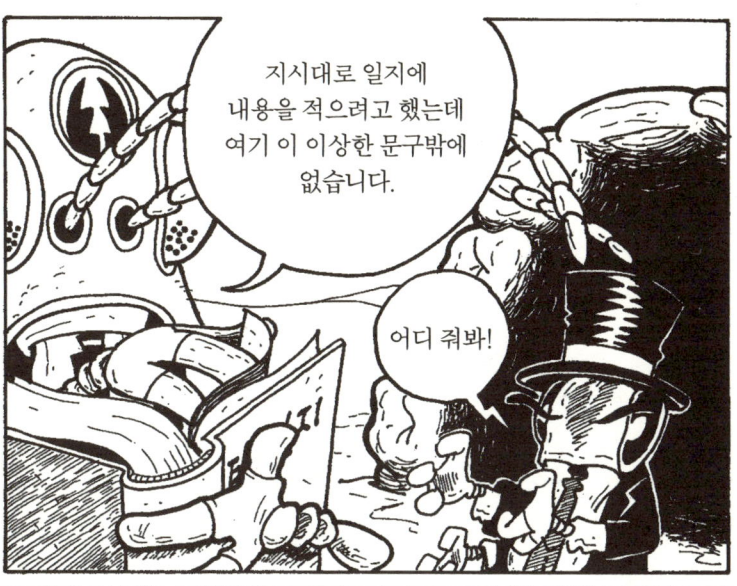

Chapter 5

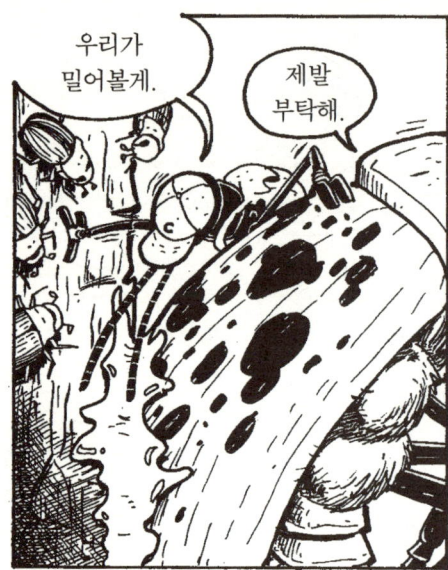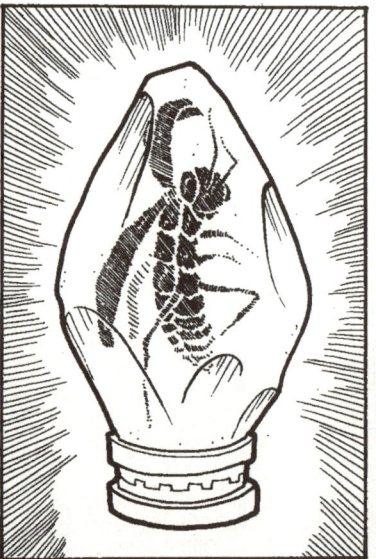

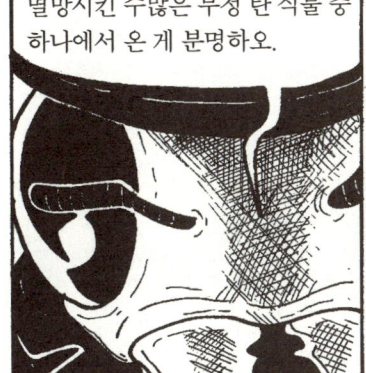

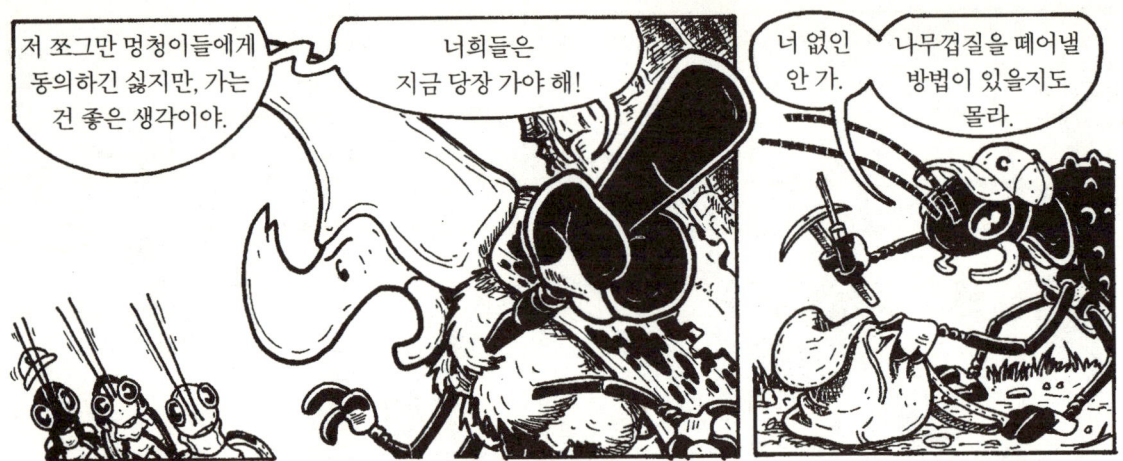

Chapter 6

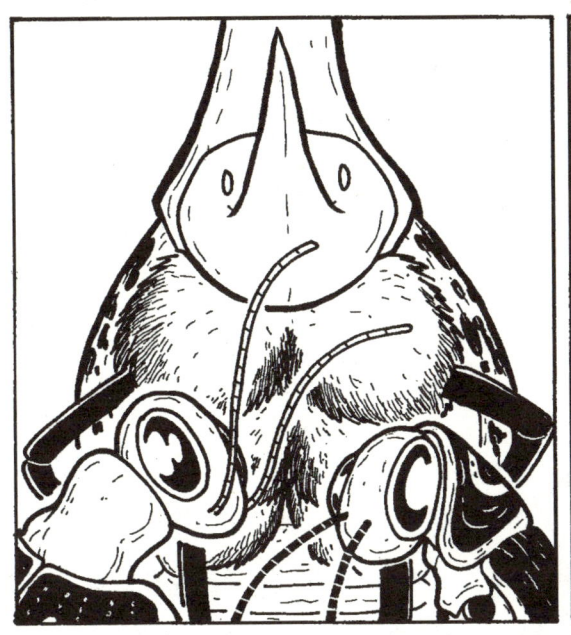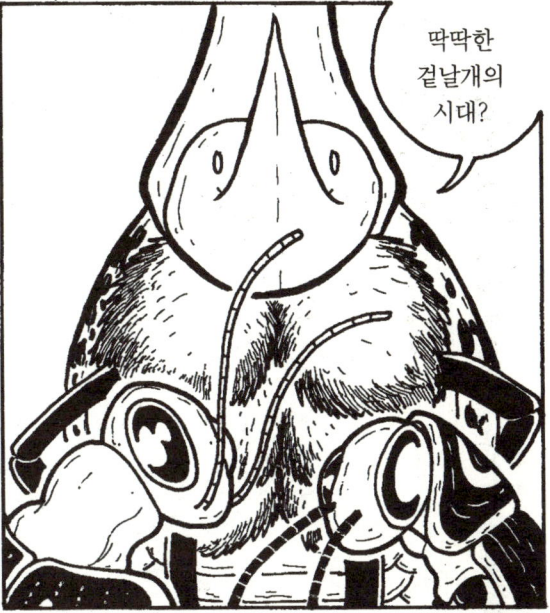

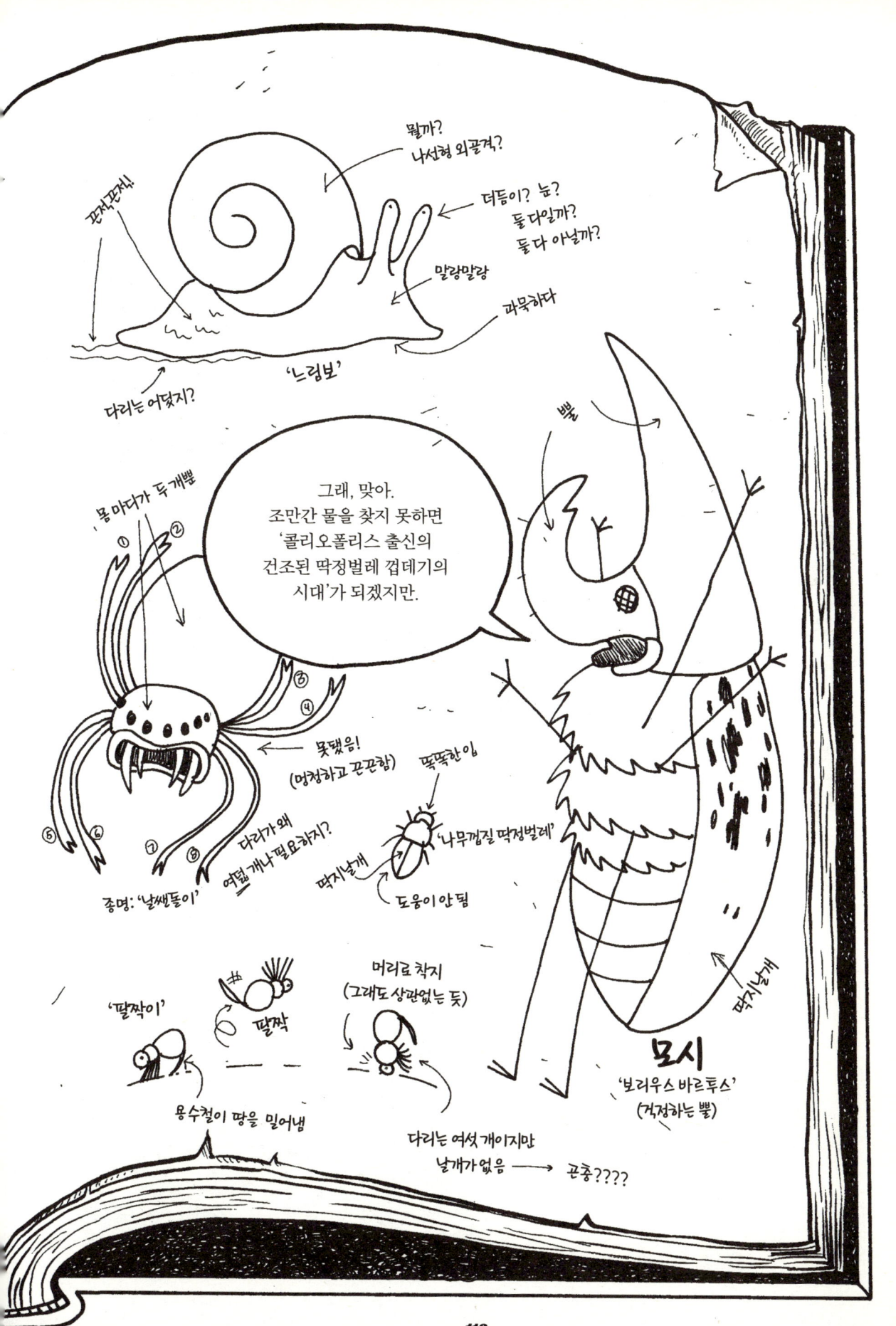

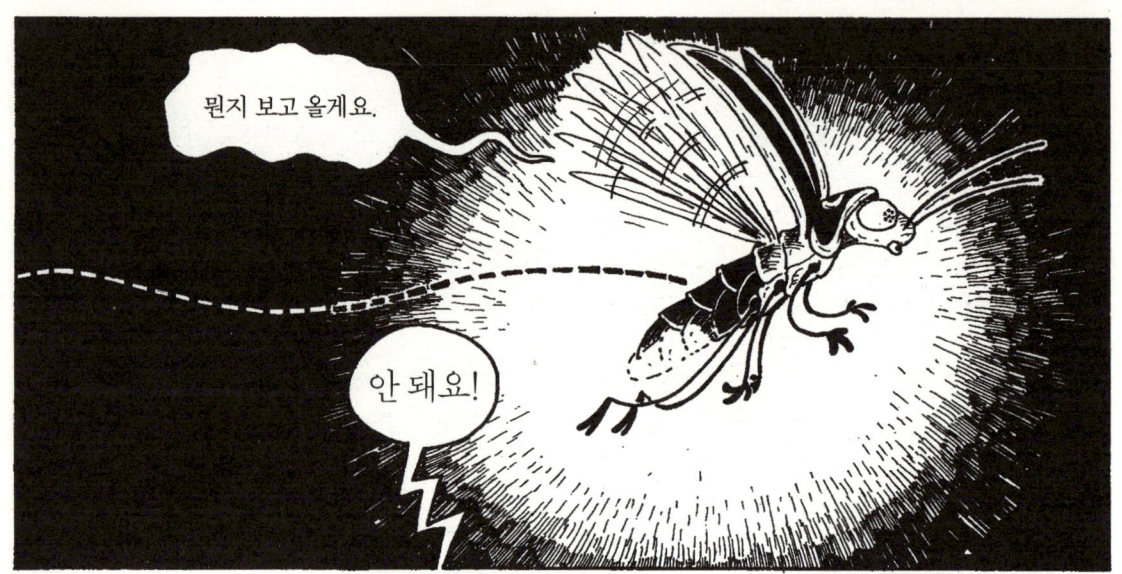

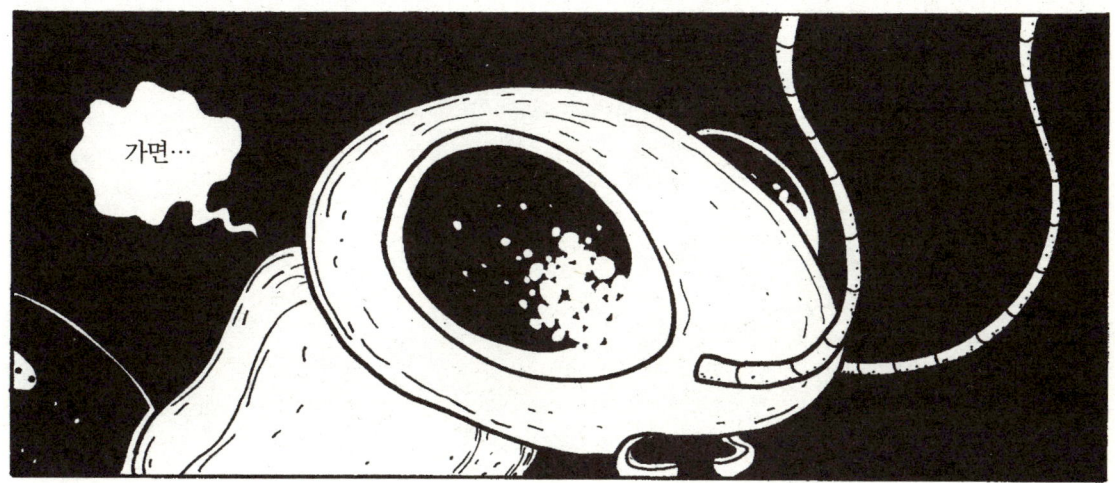

Chapter 7

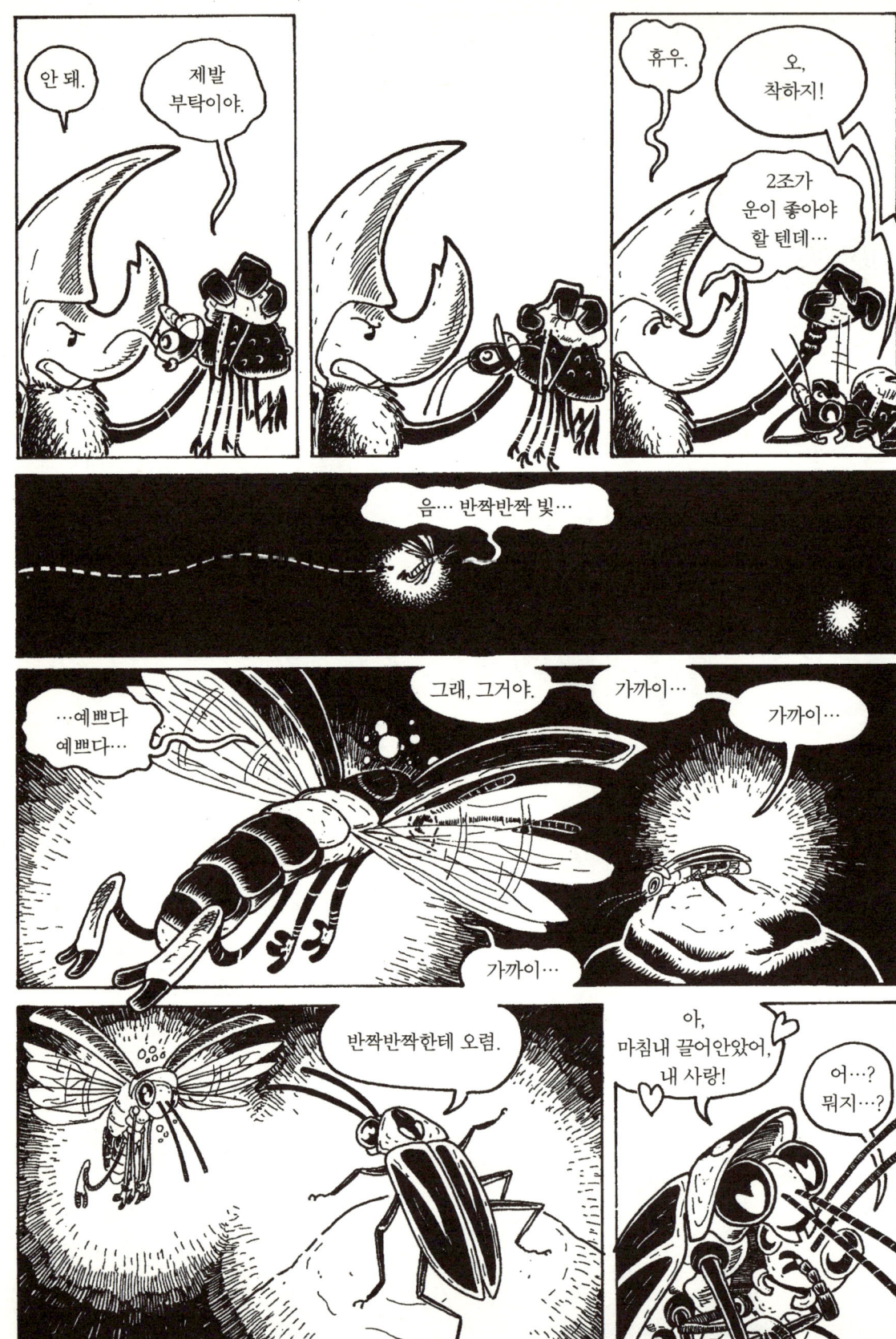

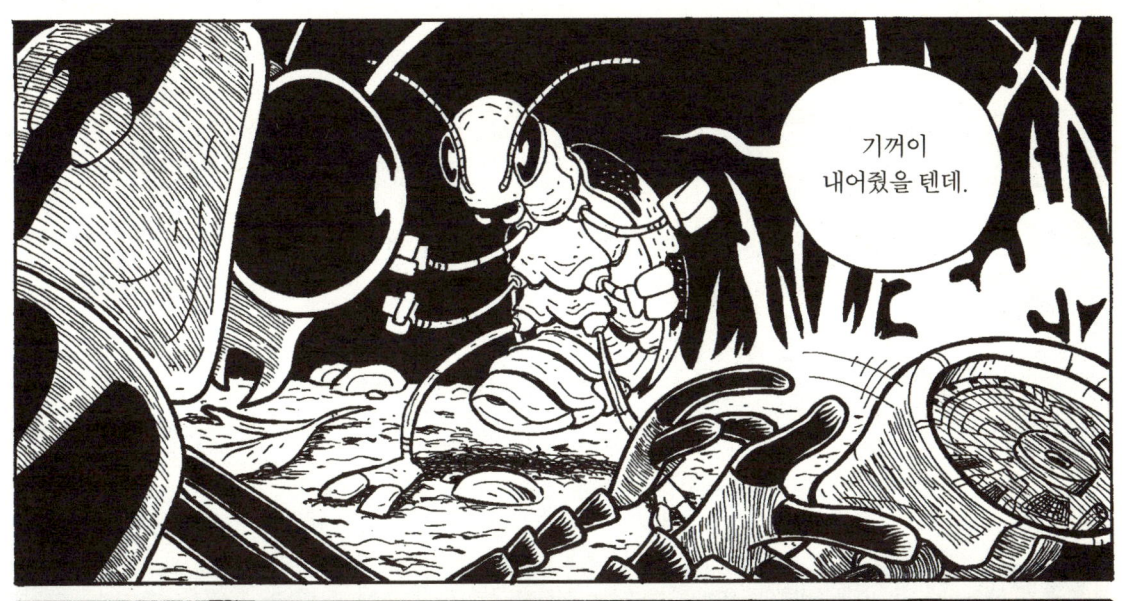

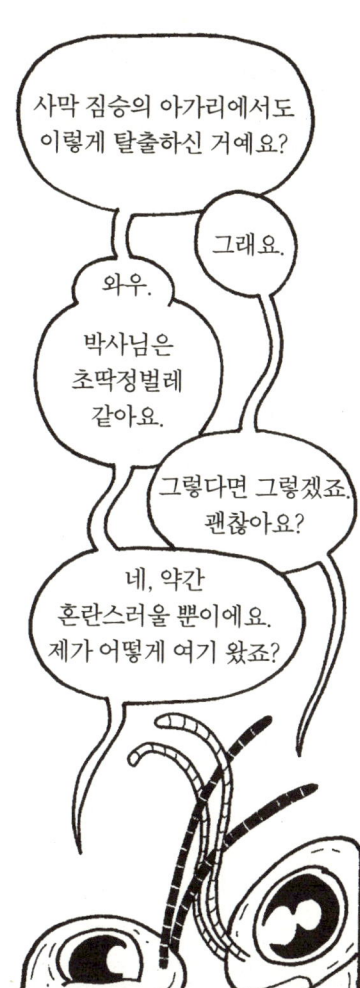

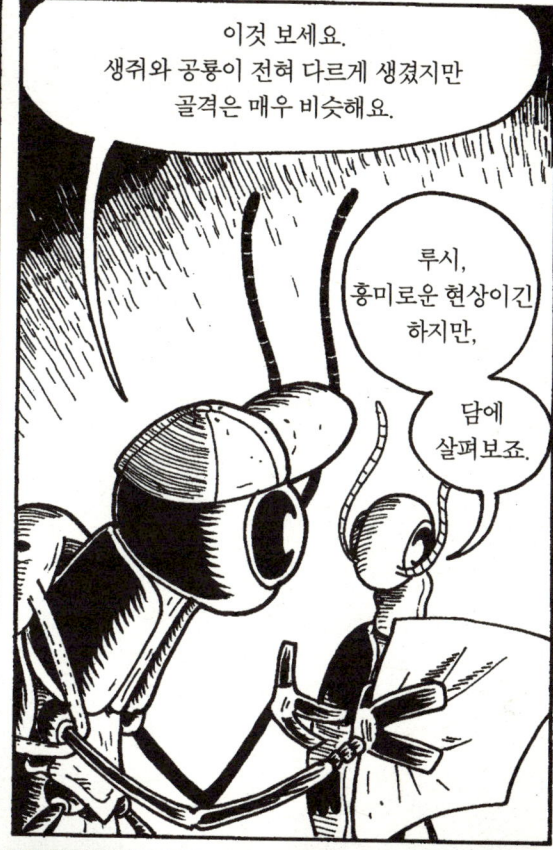

Chapter 8

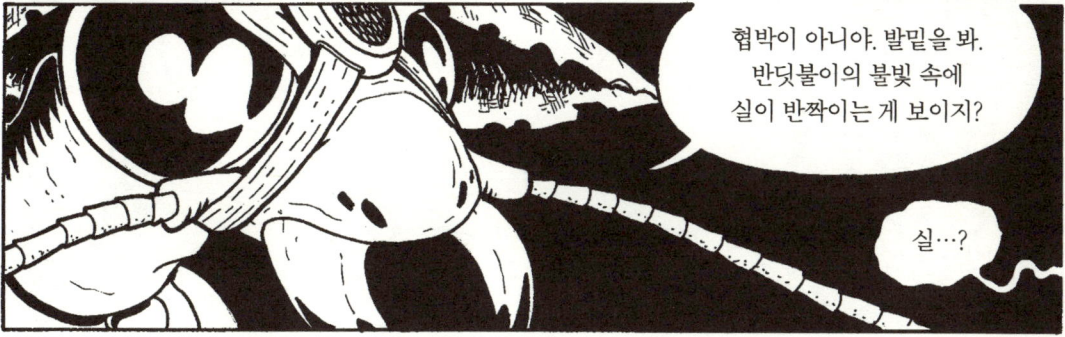

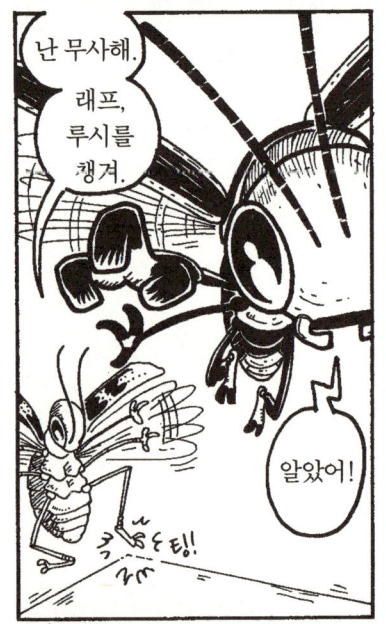

날면 더 빠른데 걷는 이유를 알아?

제가 못 나니까요?

날 수 있어도 날면 안 돼.
지금 우리 머리 위에 으악이 두 마리가 날고 있어.
아무 소리도 안 들려요.

너희의 작은 귀로는 들을 수 없는 주파수를 내고 있으니까.
그러니까 할아버지의 마법 귀로만 들을 수 있다 이거예요?

마법이 아냐! 우리 종은 모두 으악이의 소리를 들을 수 있어.
도피 행동을 촉발하지.

지금 이 순간 나는 바닥에 엎드려 기어 달아나려는 유혹과 싸우고 있어.
그러세요.
그렇게 나오—

이런.

뭐, 뭐지?
한 발짝만
움직이면…

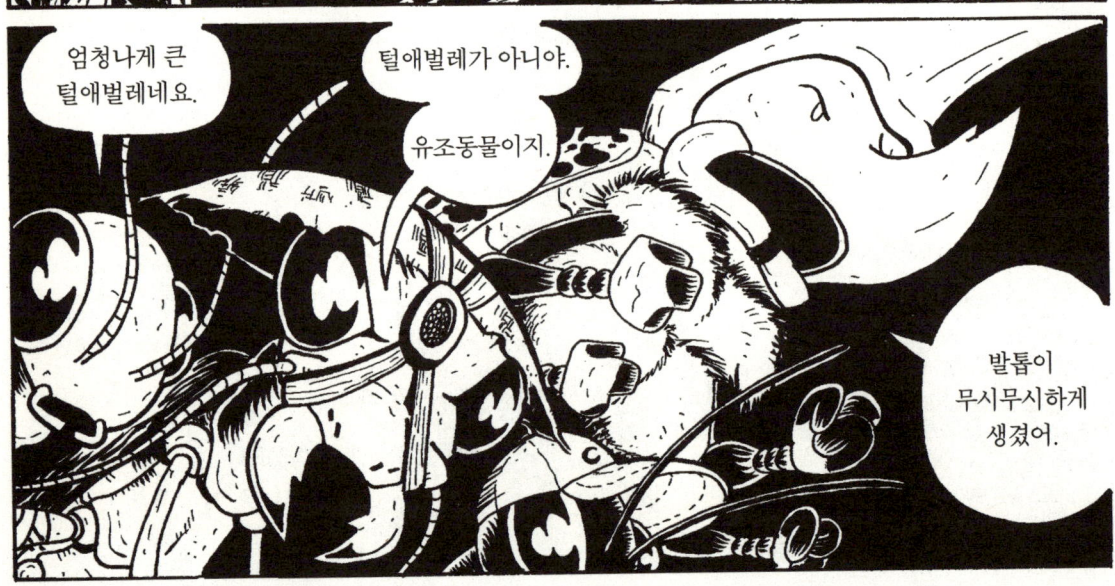

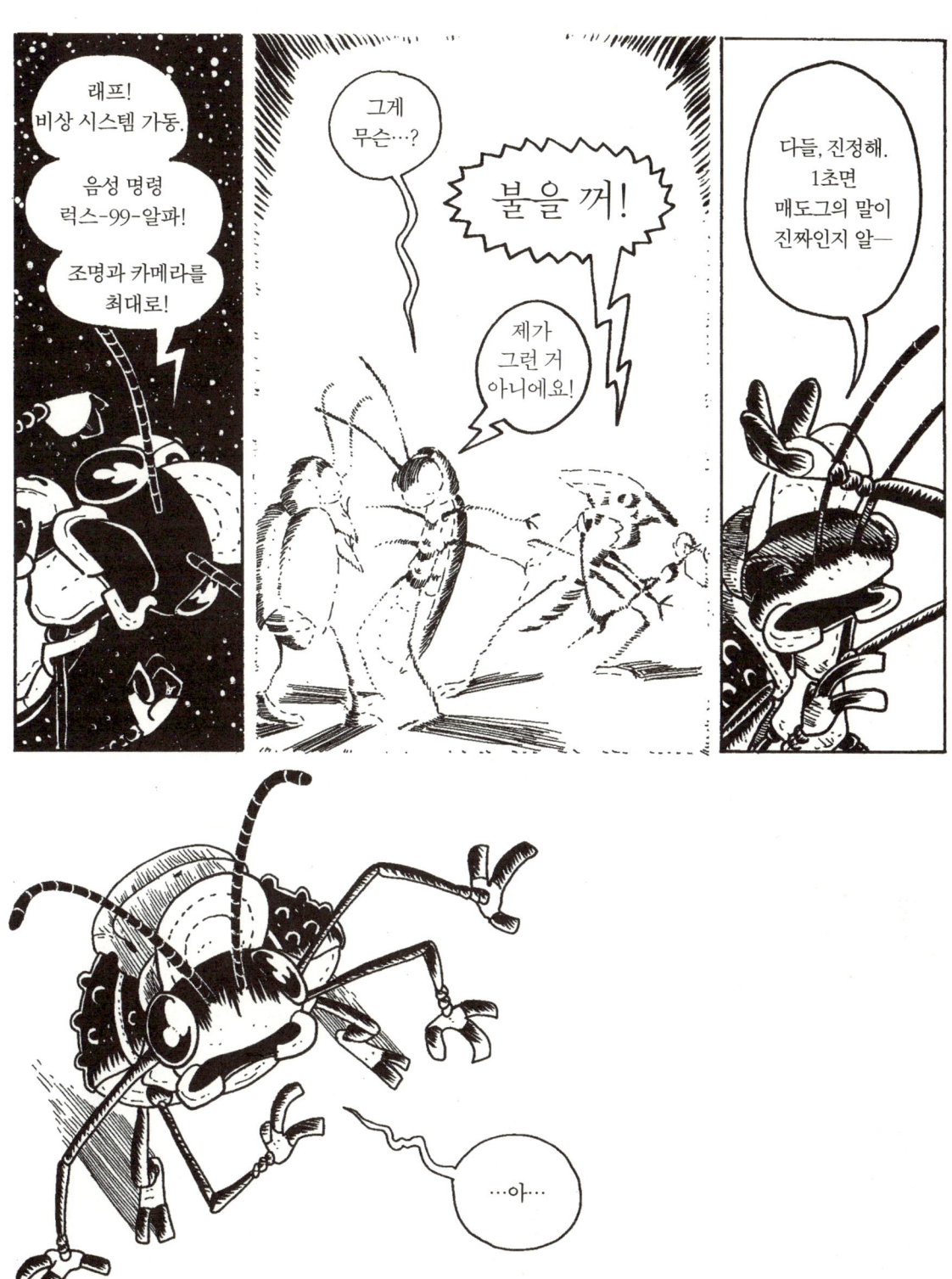

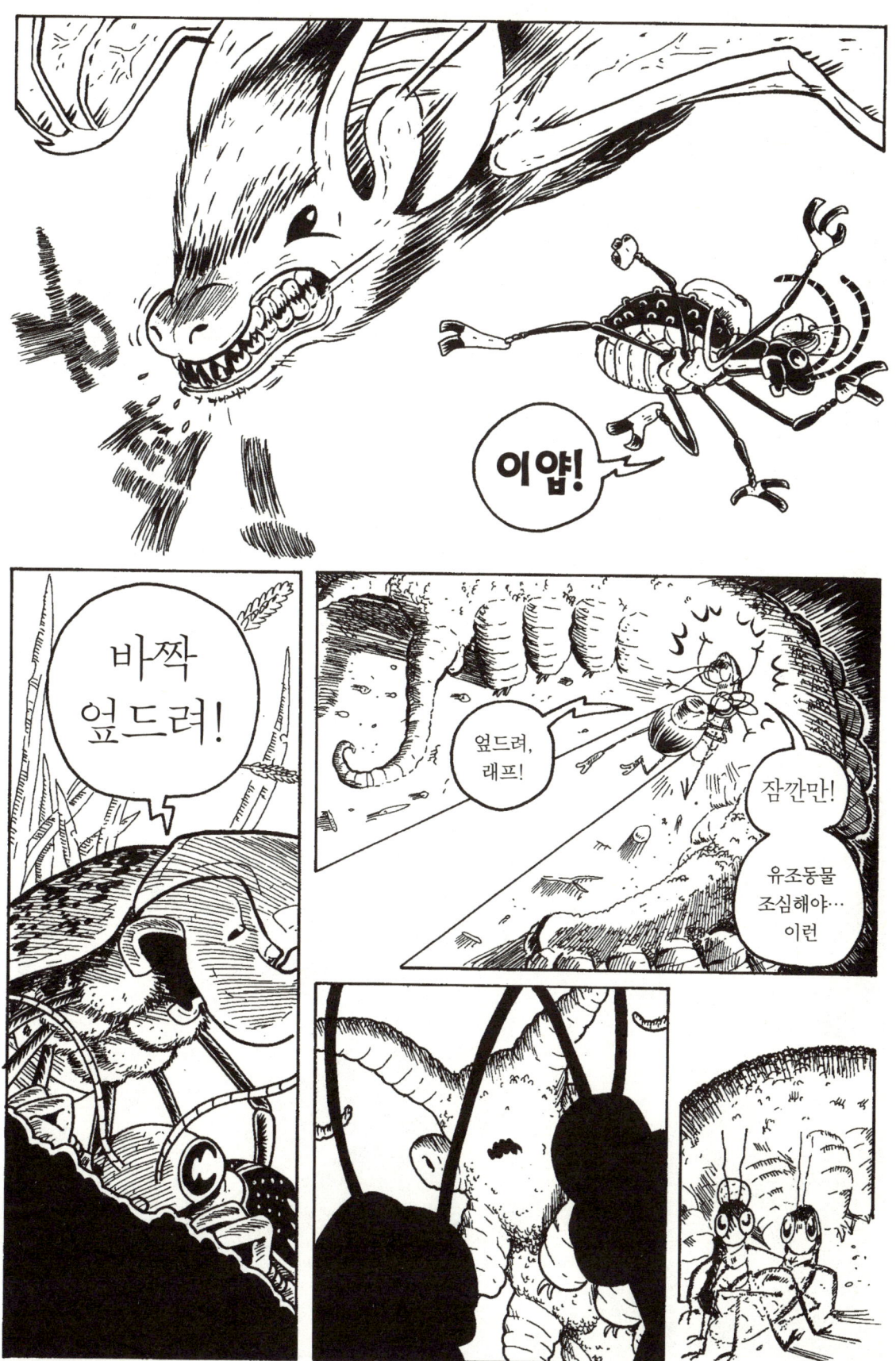

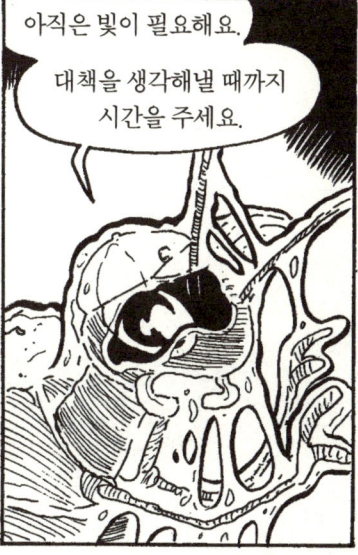

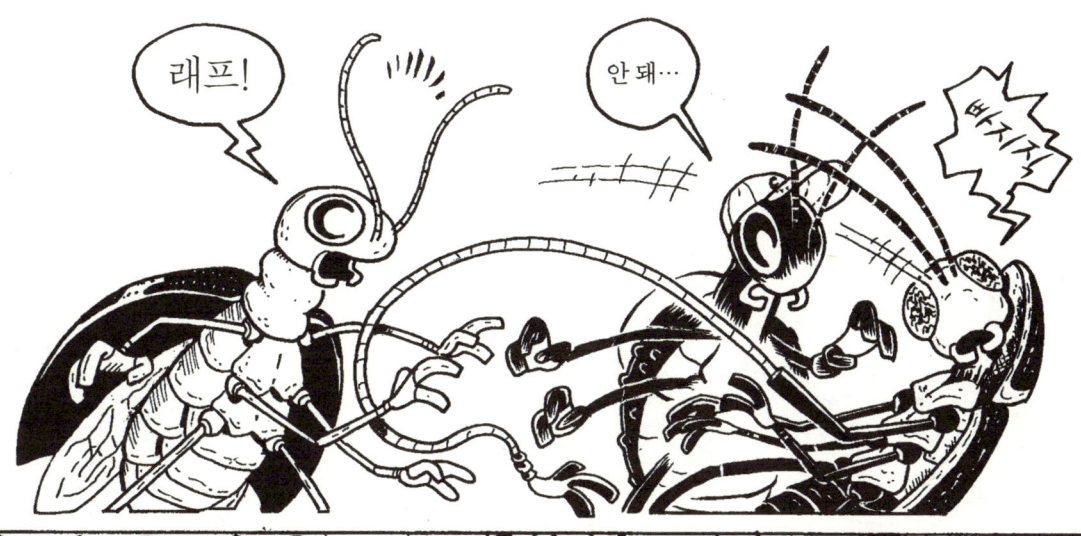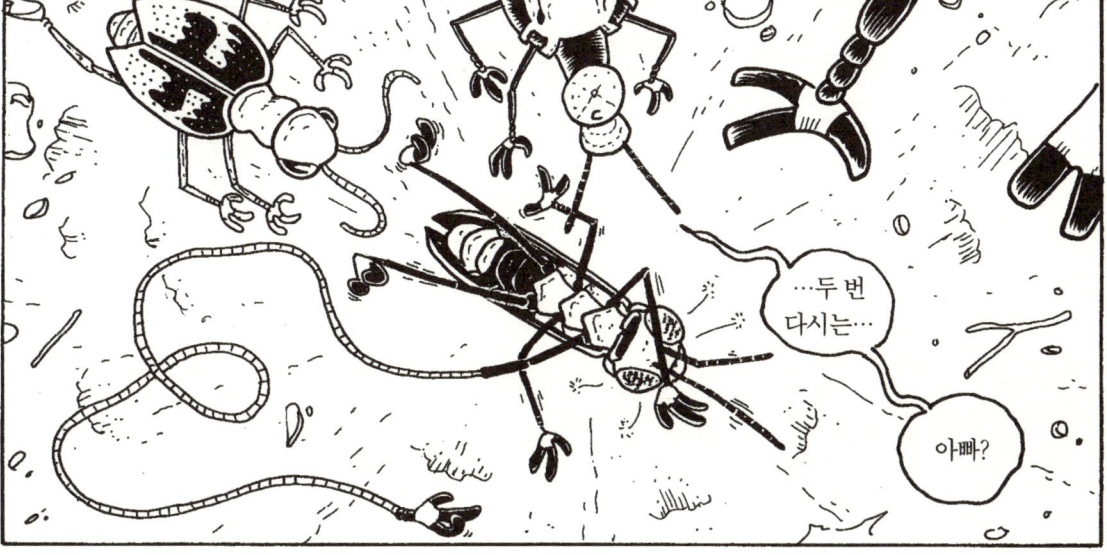

Chapter 9

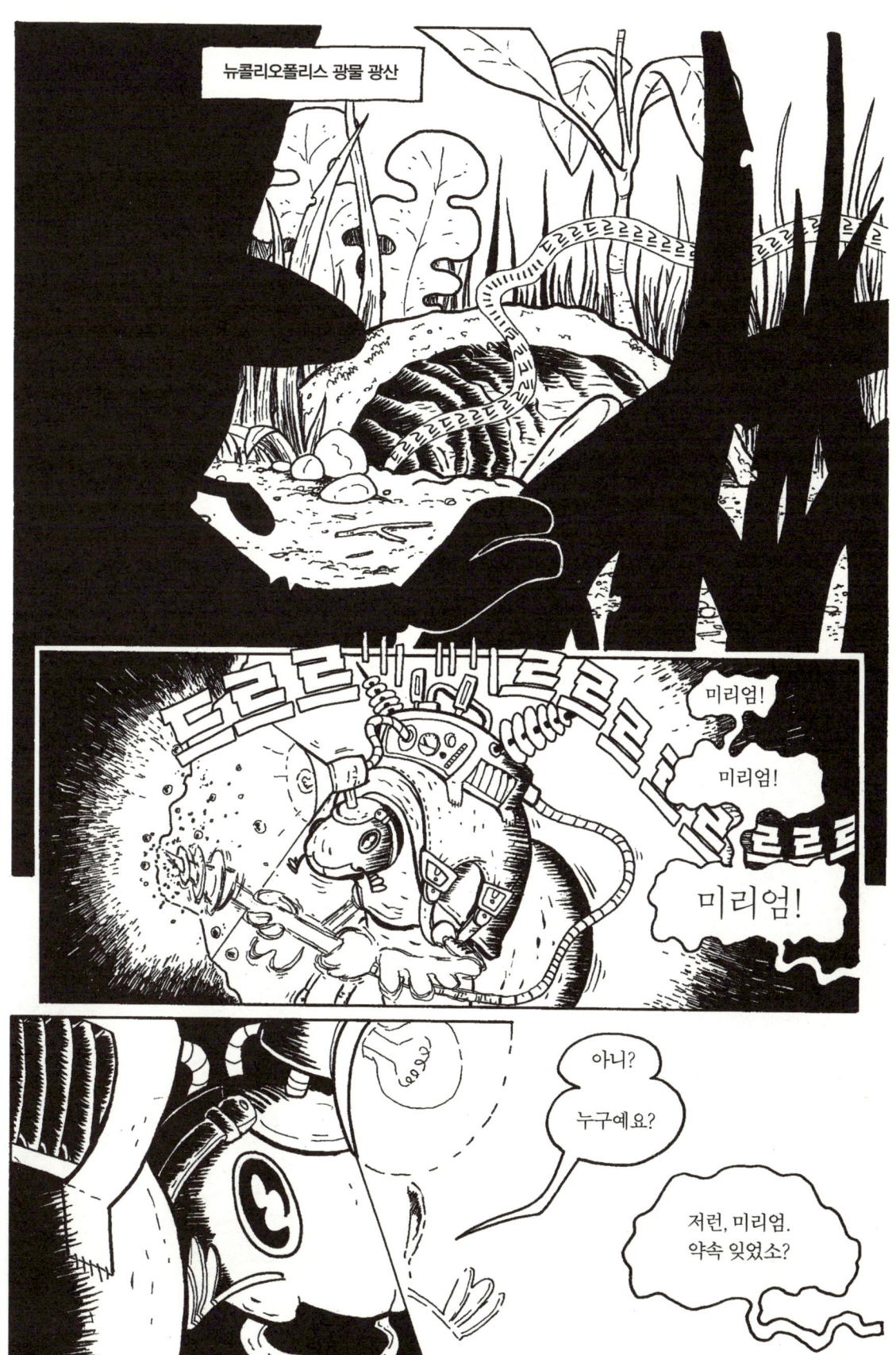

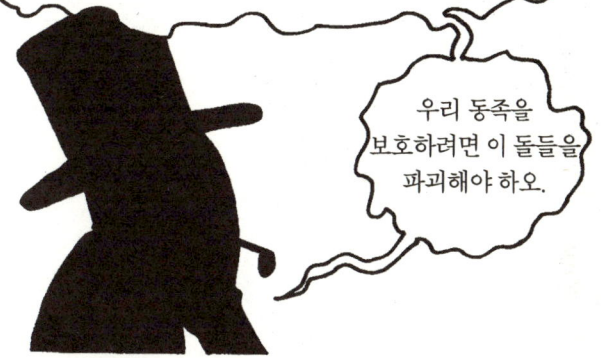

사업상 면담은
너무 피곤해.

Chapter 10

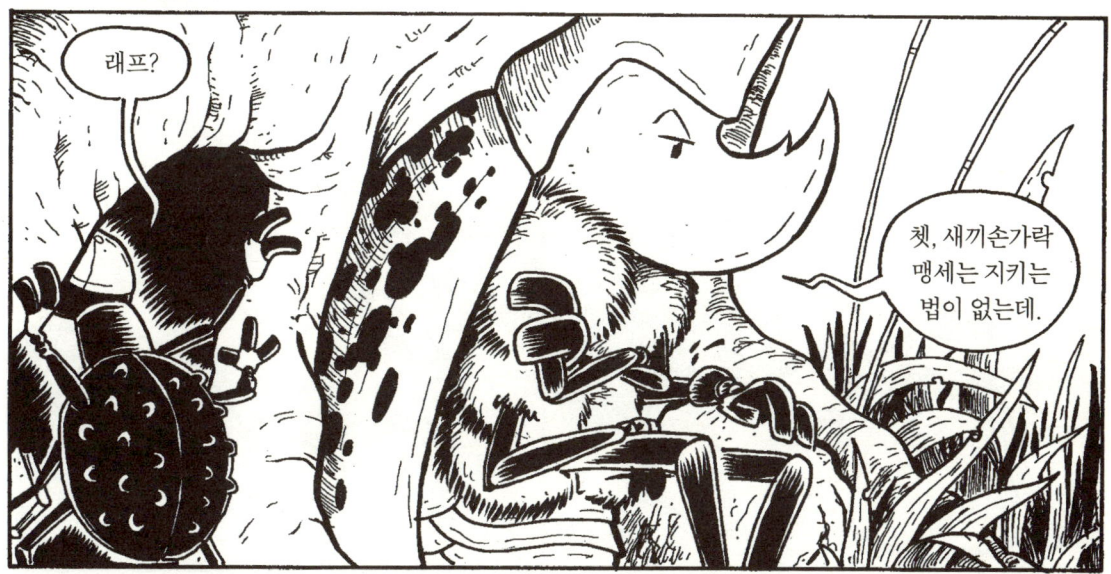

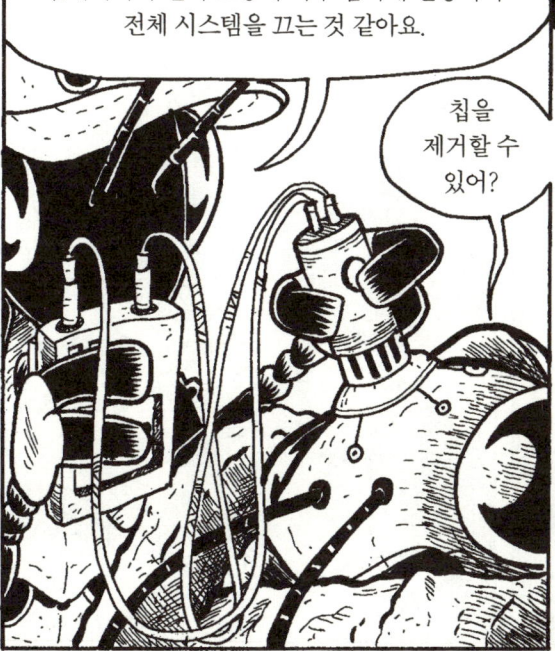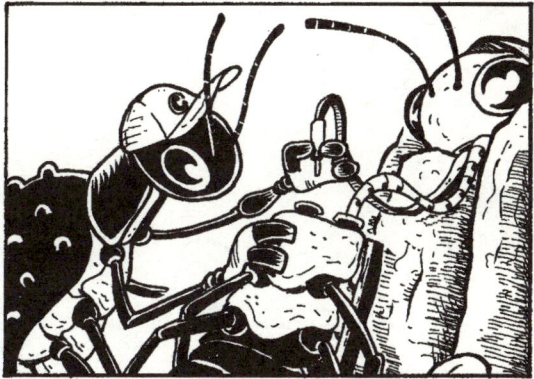

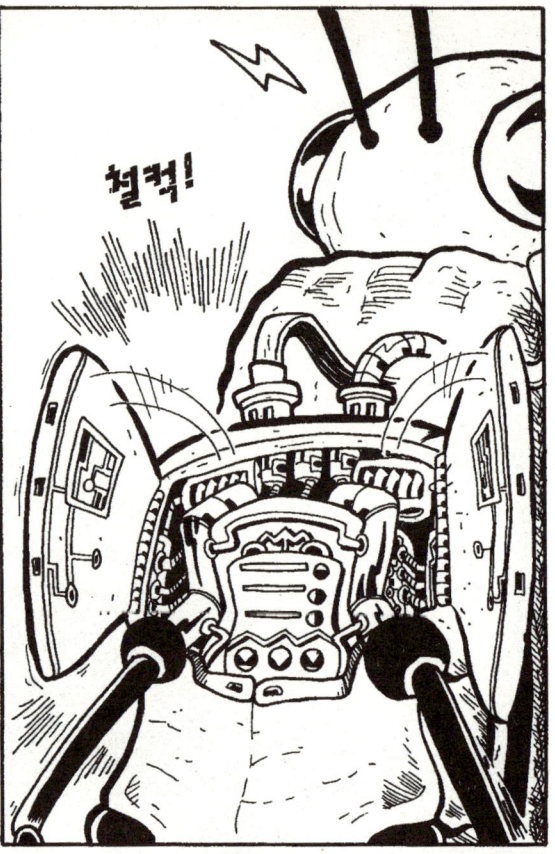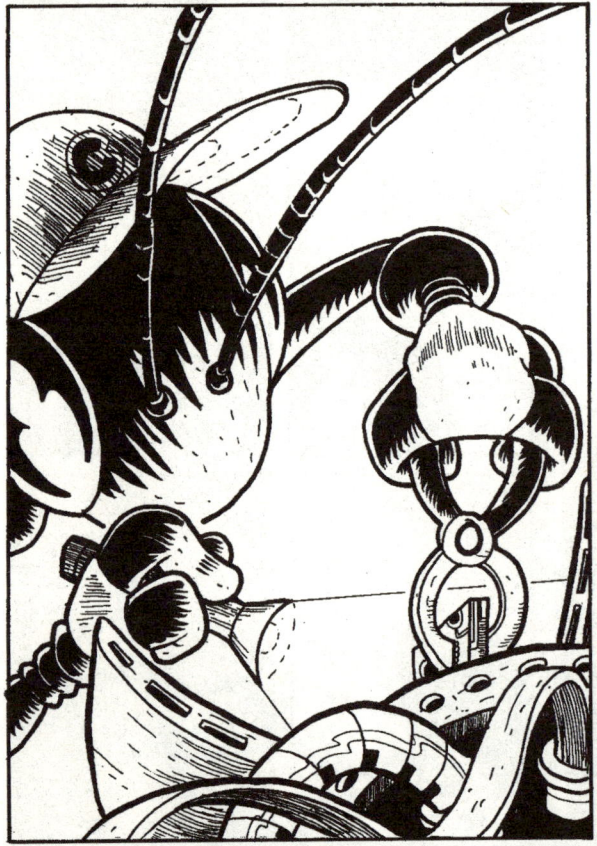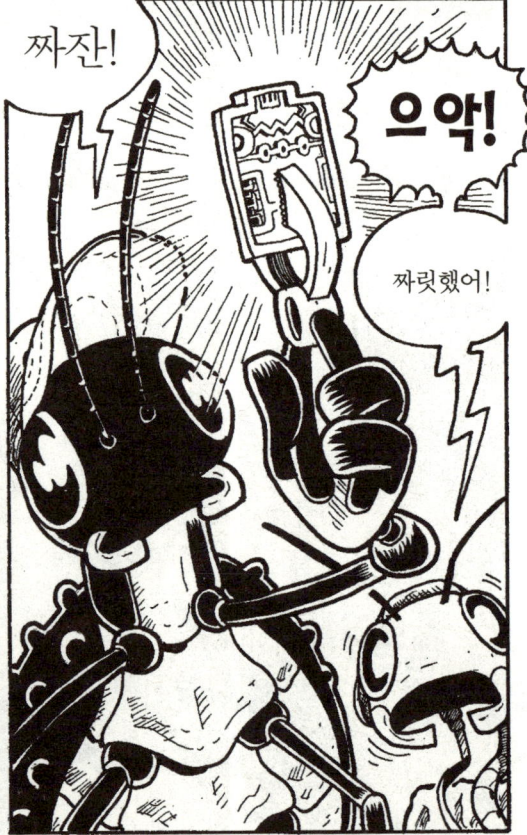

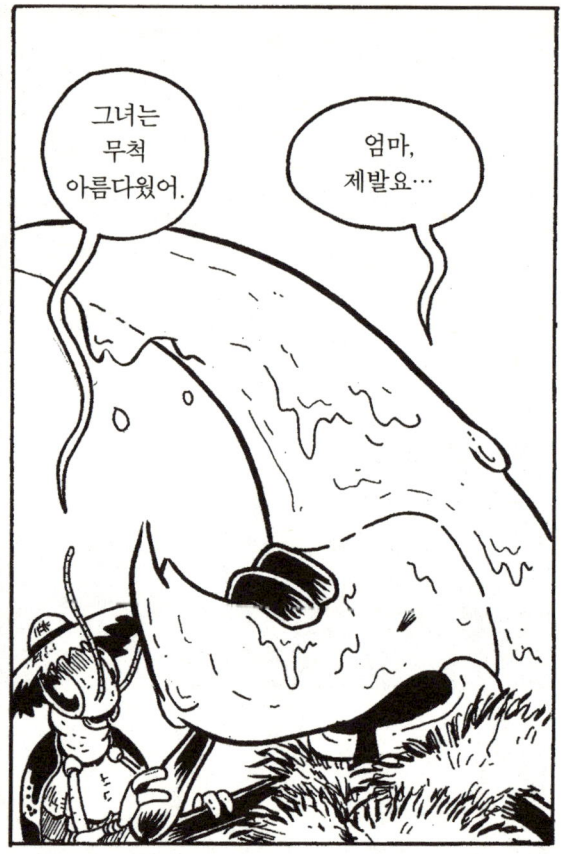

Chapter 11

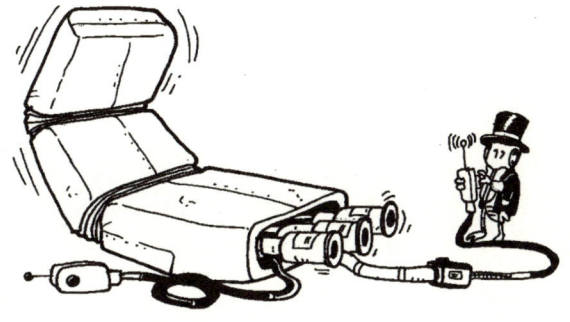

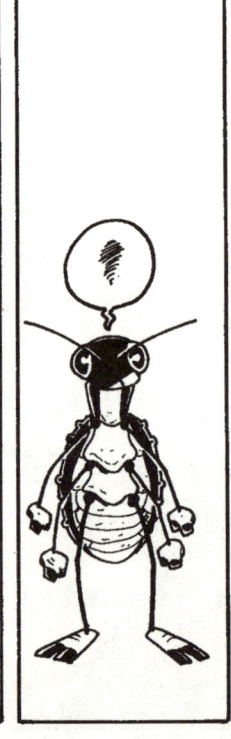

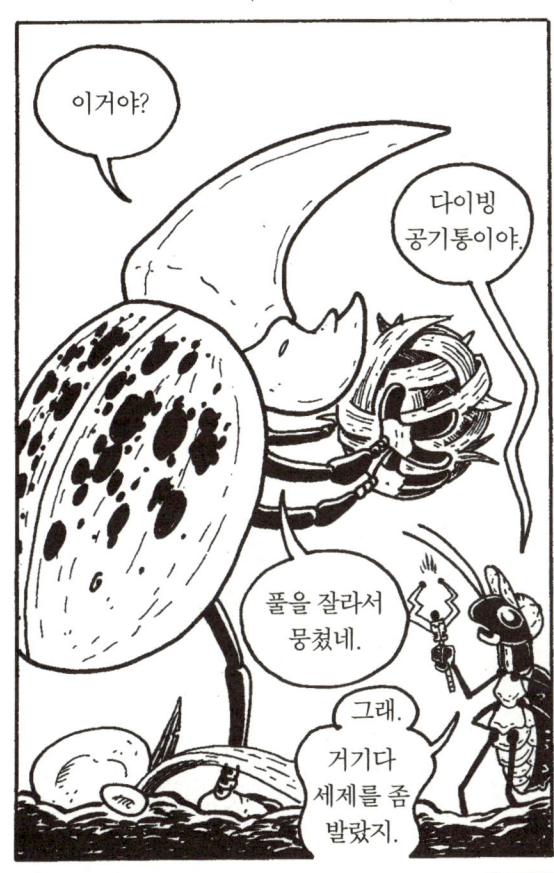

괴물이 올라와!

저승사자야!

살려면 헤엄쳐!

쩝. 물맴이가 왜 저러지?

알고 싶지 않아! 도망쳐!

이런…

부글부글글글글부부

삐빅삐빅 삐빅삐빅

젠장! 탐지기가 제멋대로야!

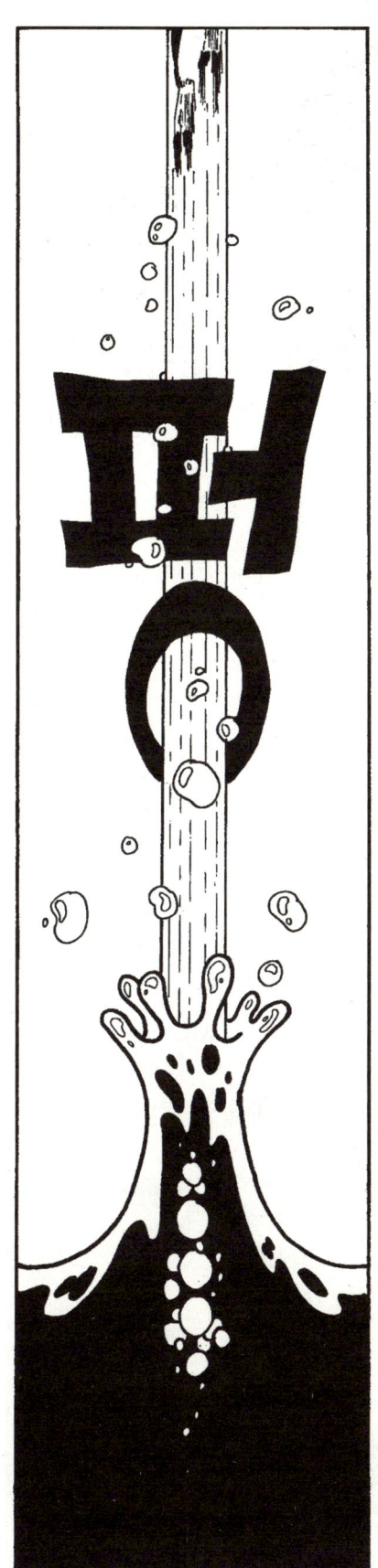

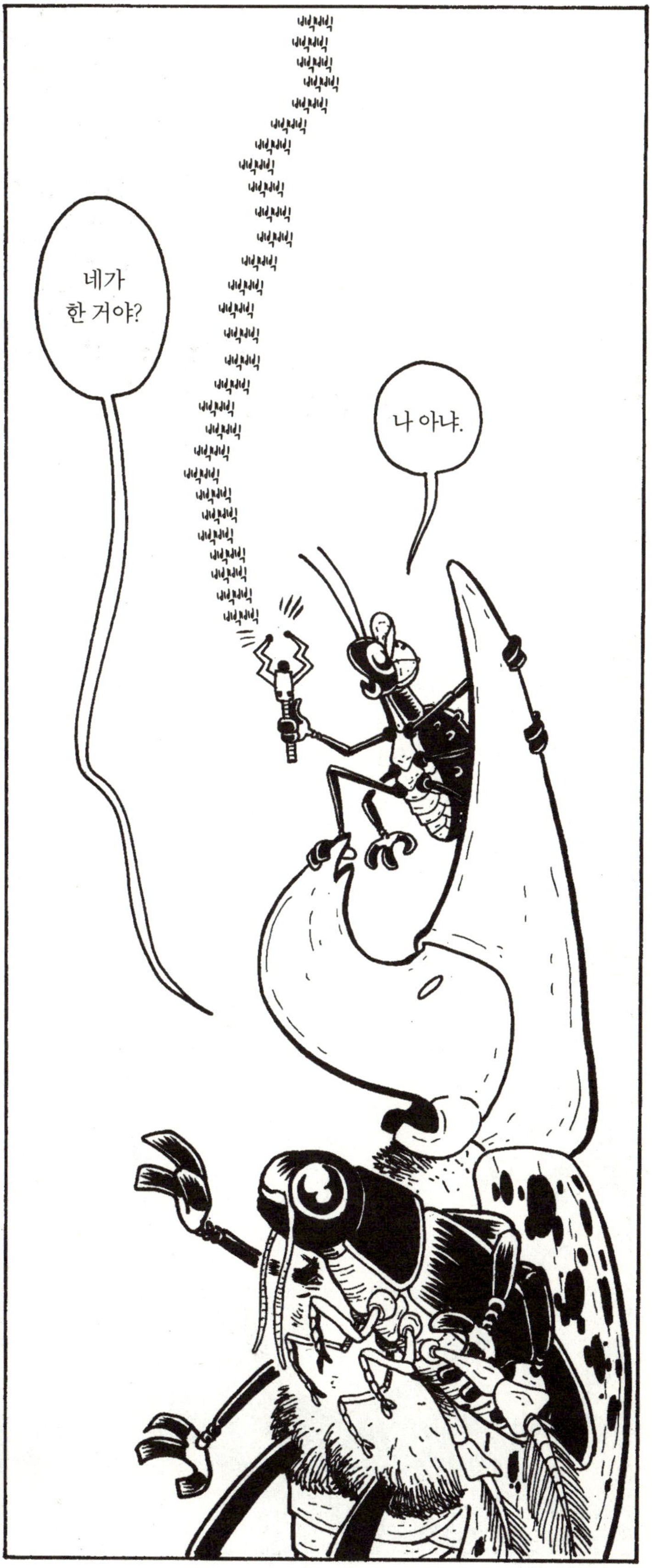

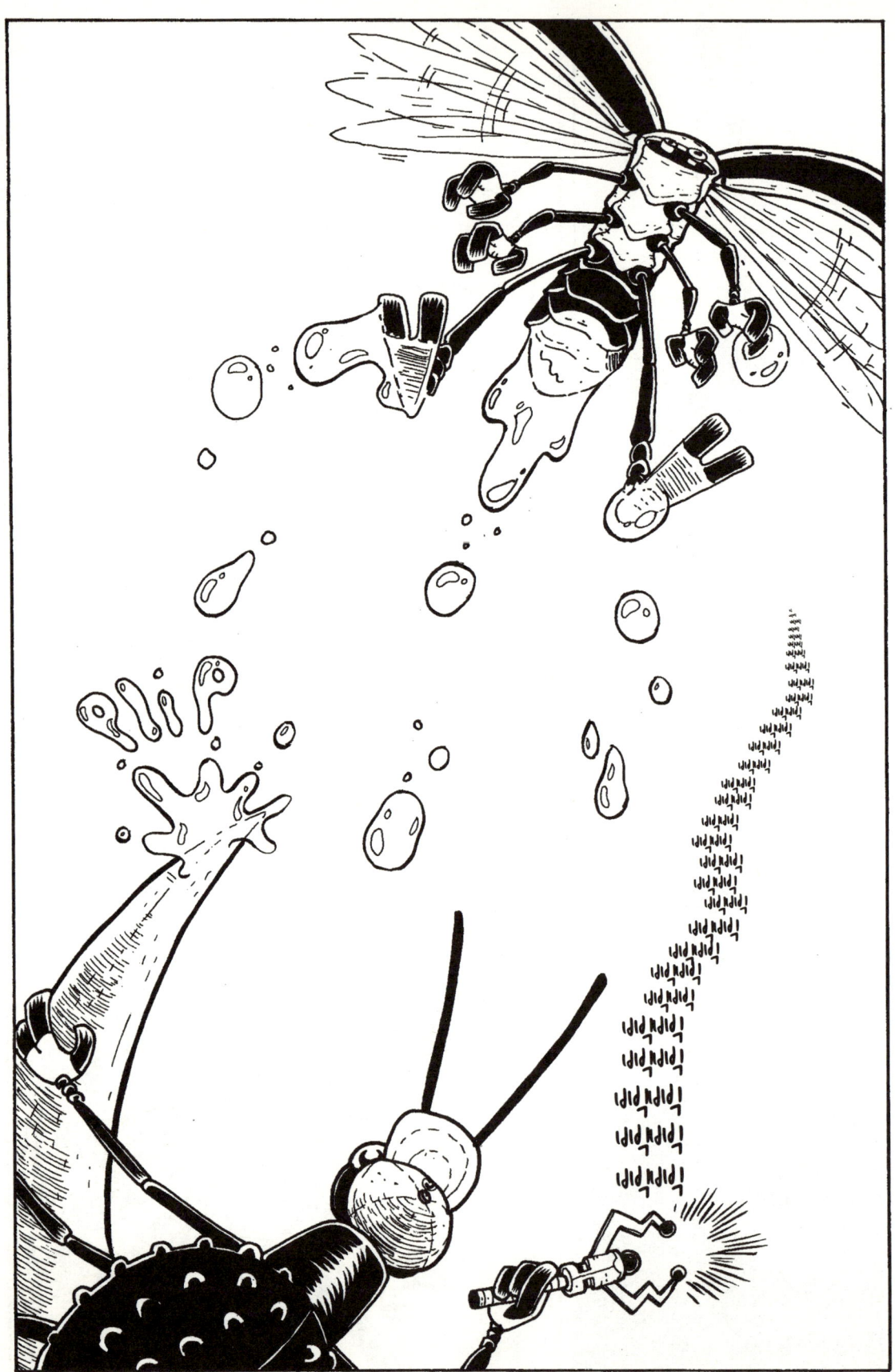

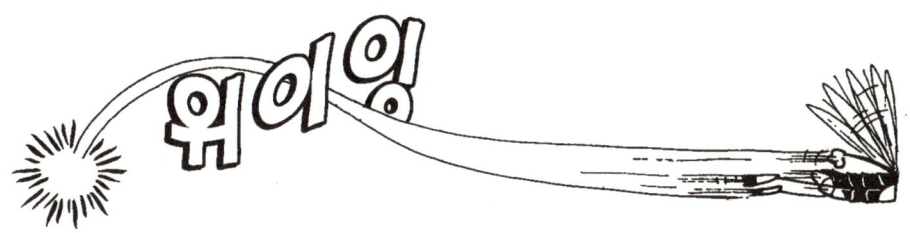

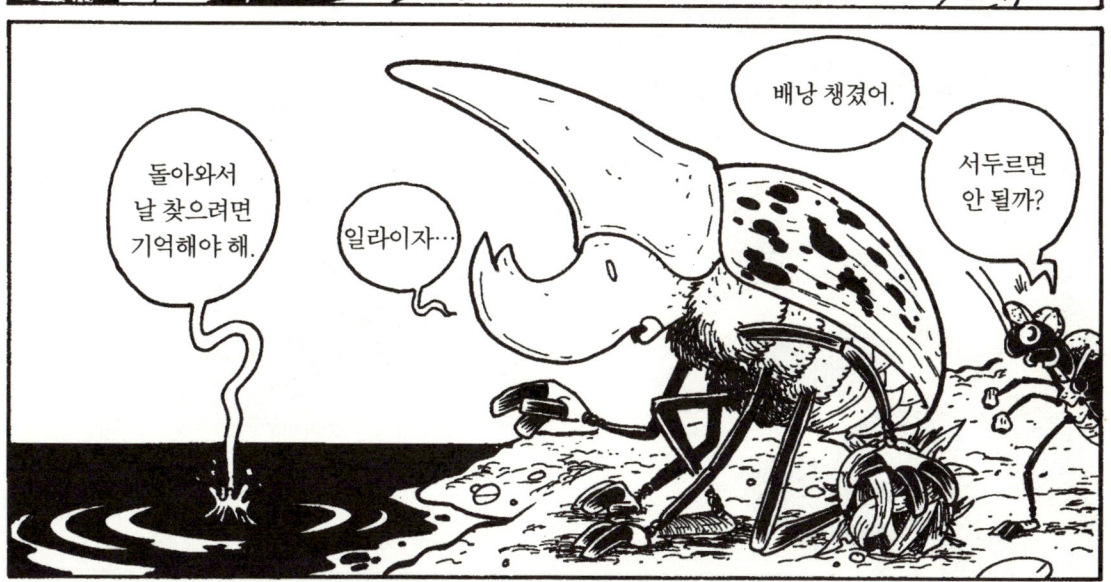

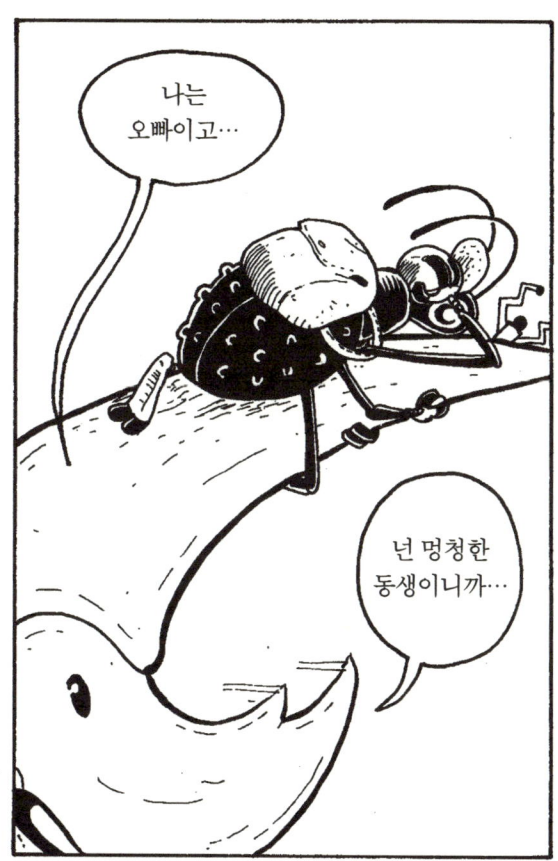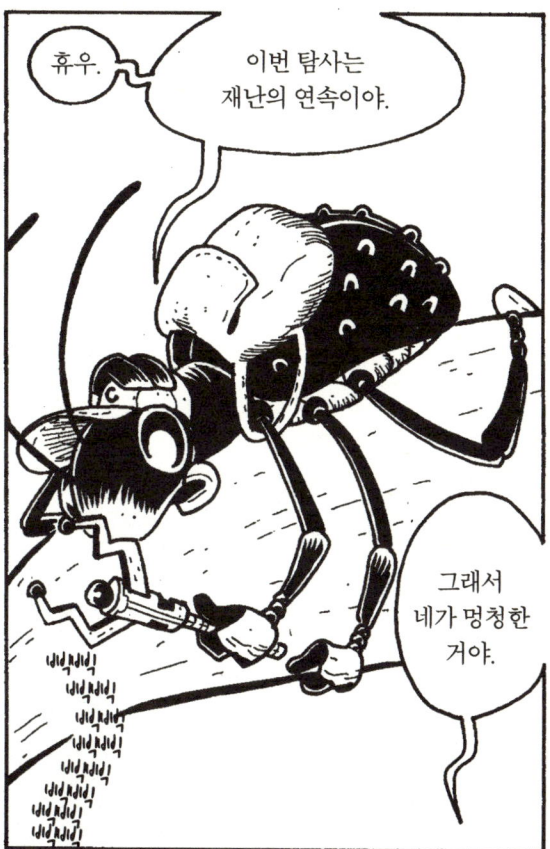

Chapter 12

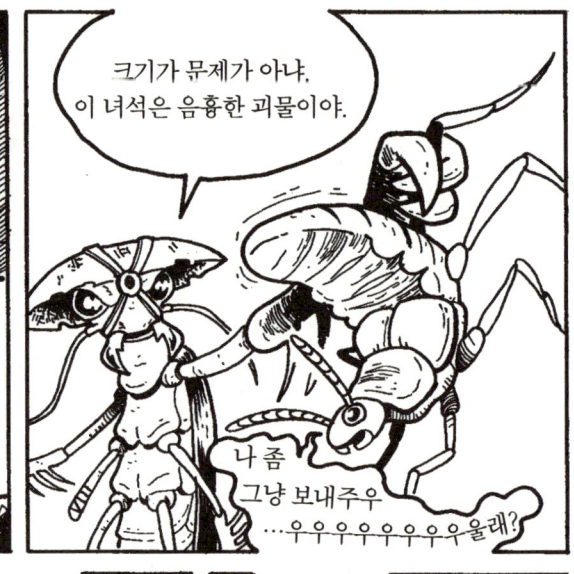

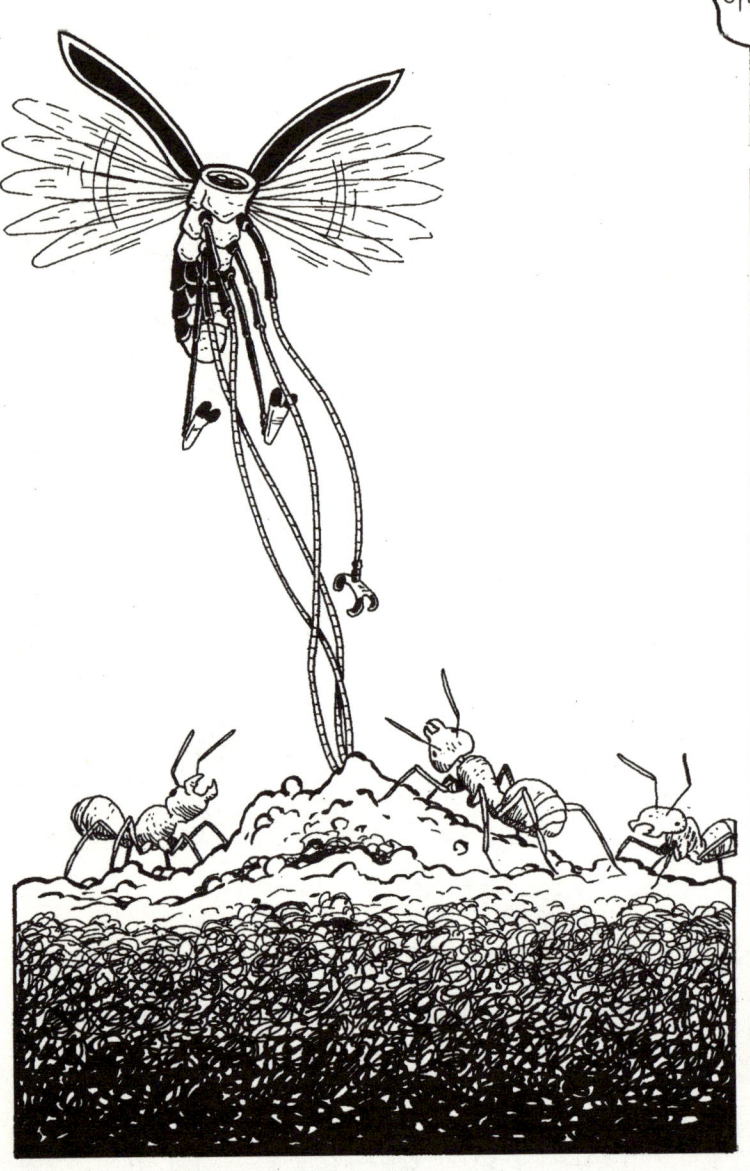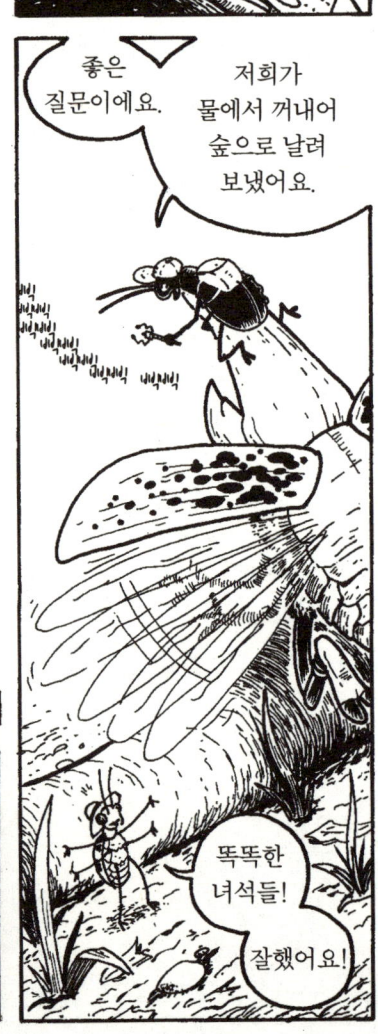

루시가 내 소프트웨어에 심은 통신 서브루틴을 오랫동안 분석해서 내 동체의 컴퓨터 프로세서에 보낼 자동 유도 프로그램을 작성했어. 동체가 이쪽으로 오면, 늘어나는 팔을 이용하여 머리를 찾는 건 식은 죽 먹기지.

이 개미들은 징발병 같아. 내 머리를 보금자리에 가져와서 씨앗 더미에 보관했어. 씨앗에서 네가 내 부품을 윤활할 때 바르는 오일 냄새가 났어.

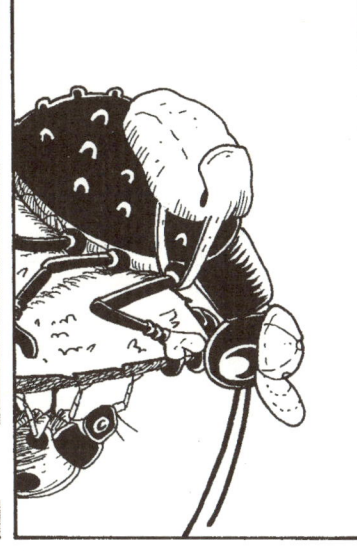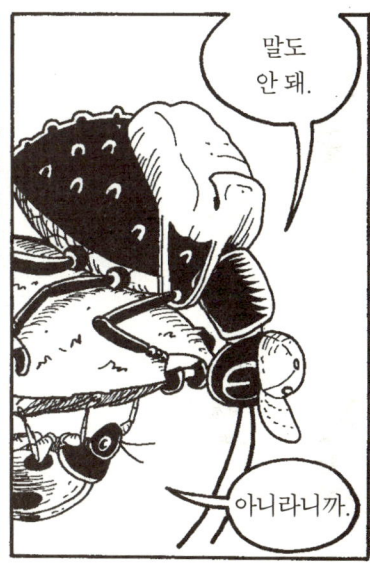

Chapter 13

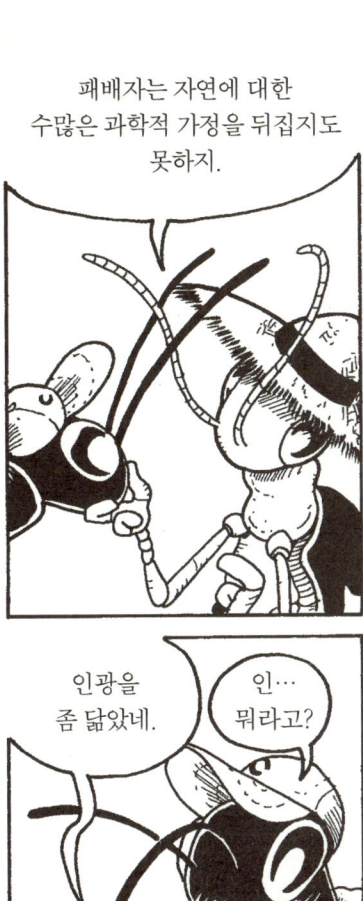

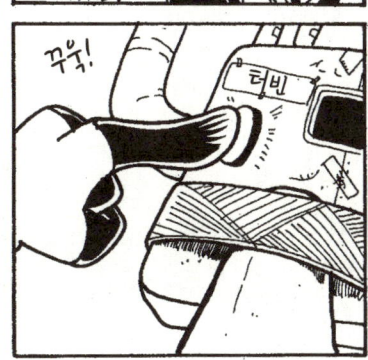

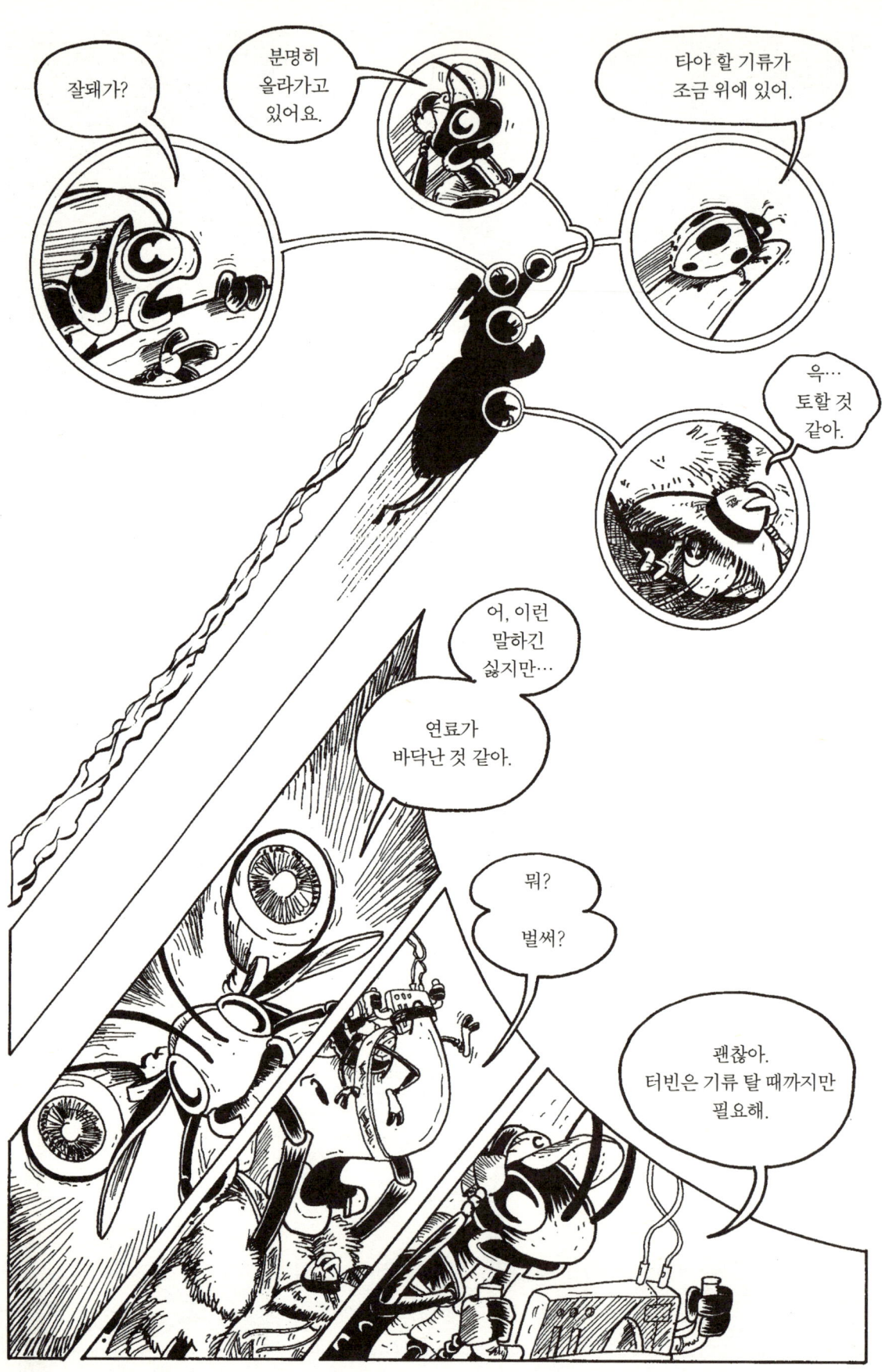

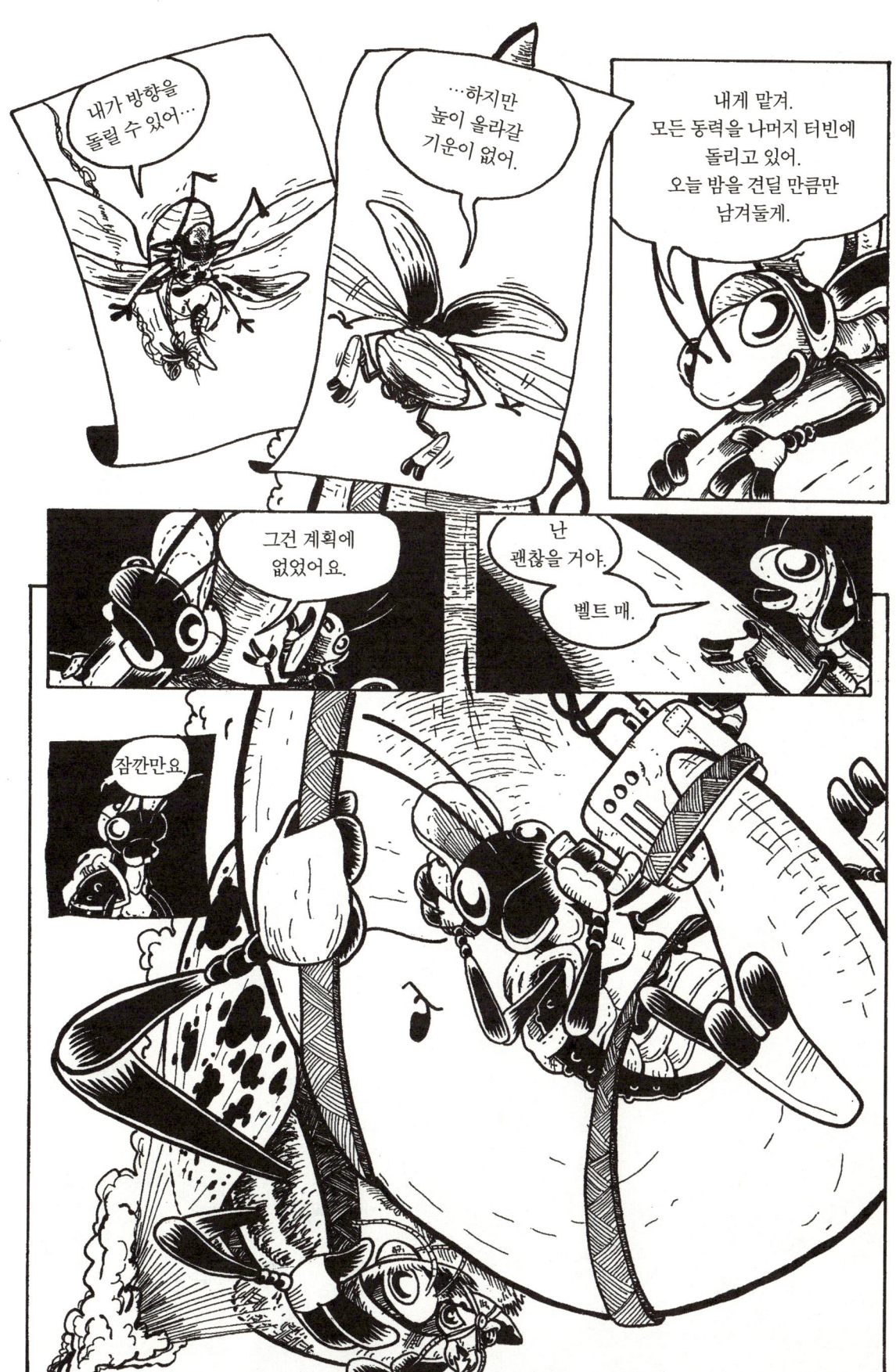

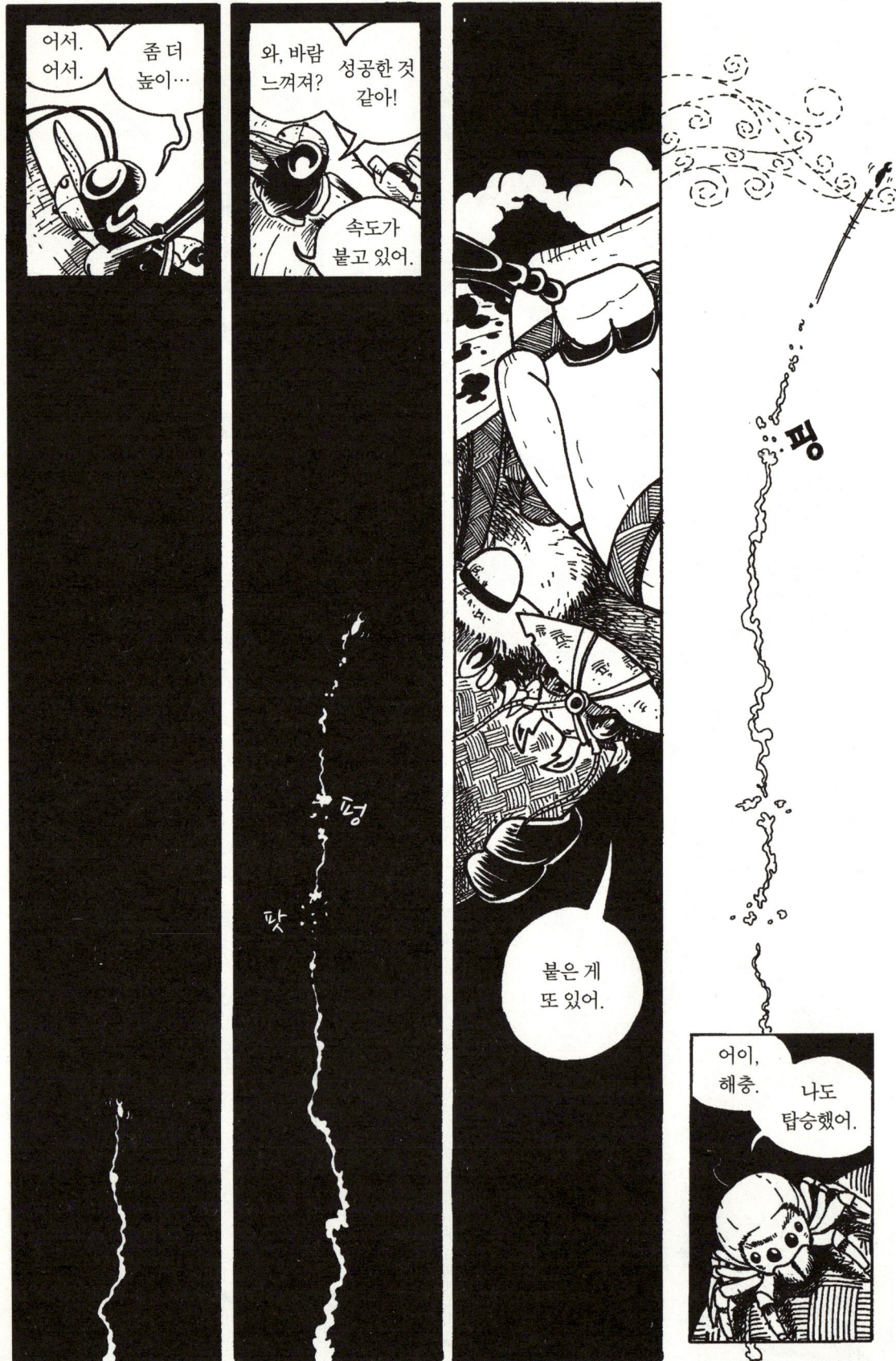

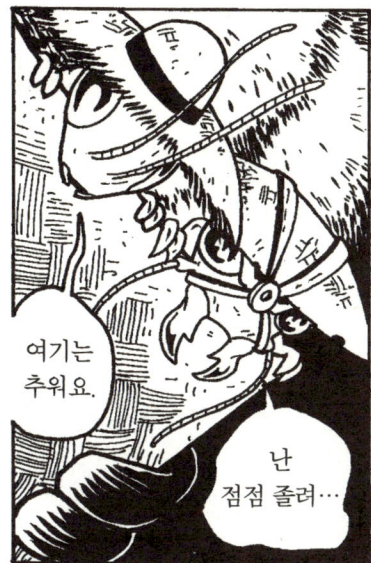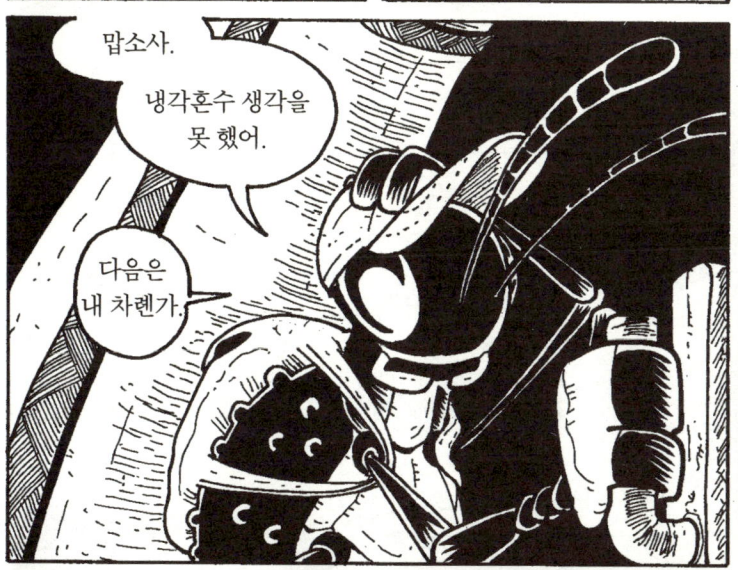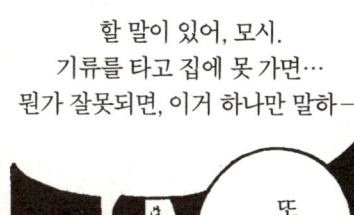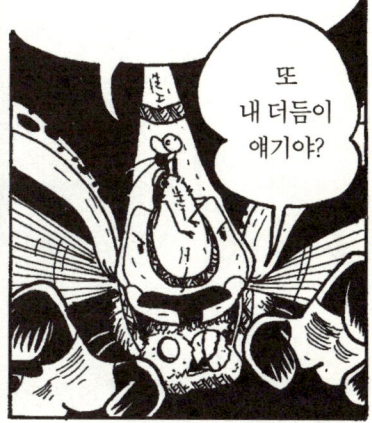

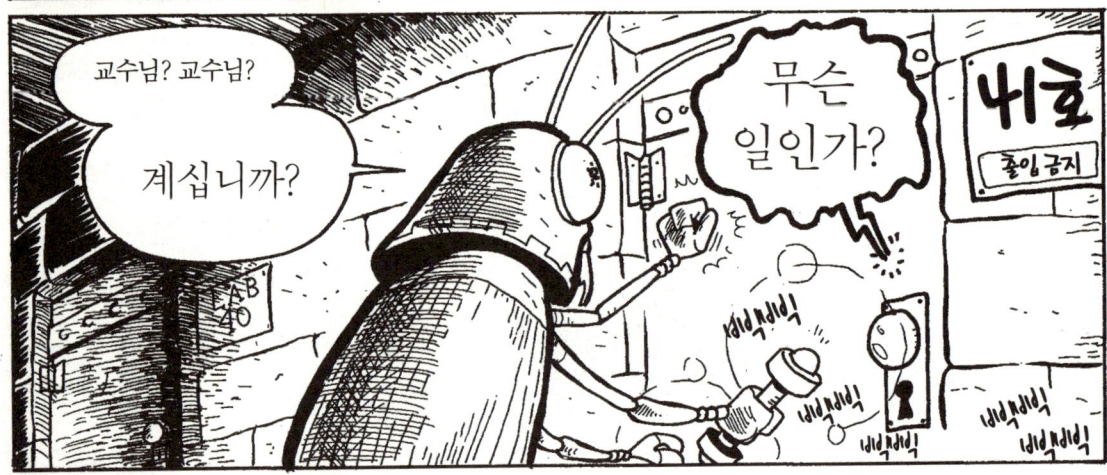

Chapter 14

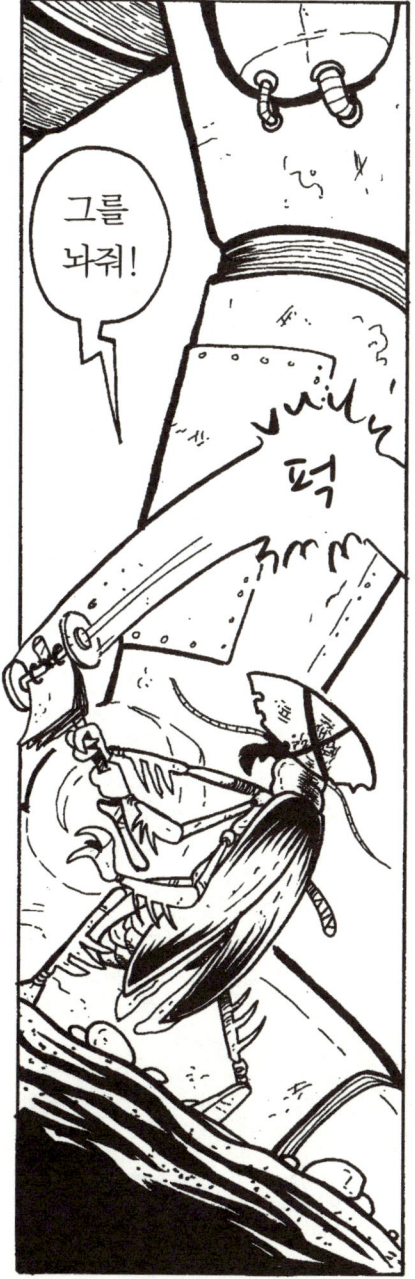

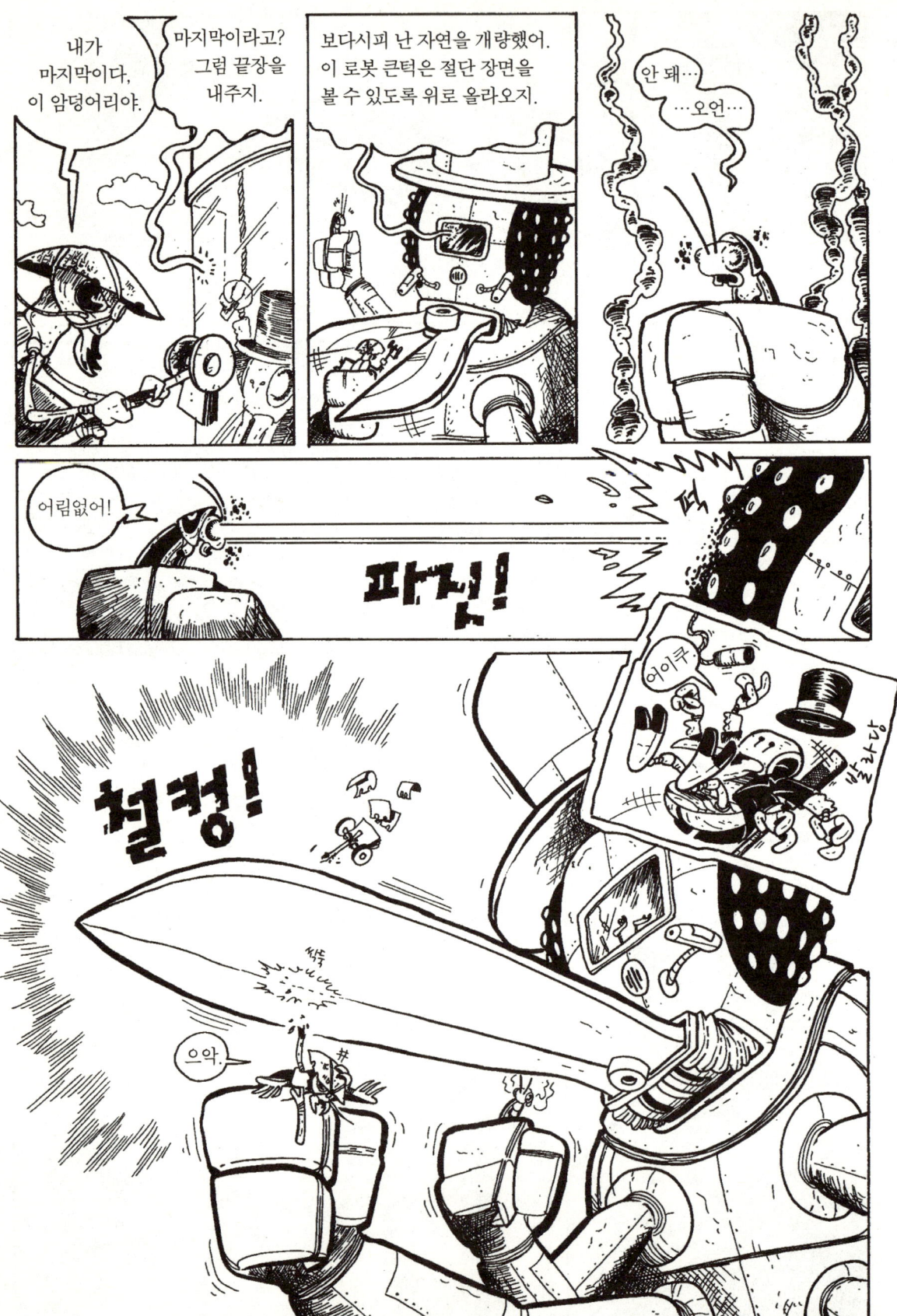

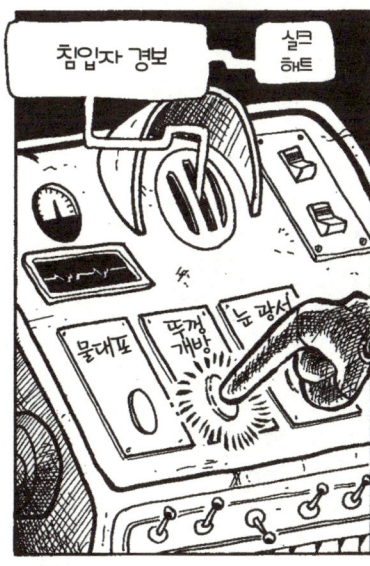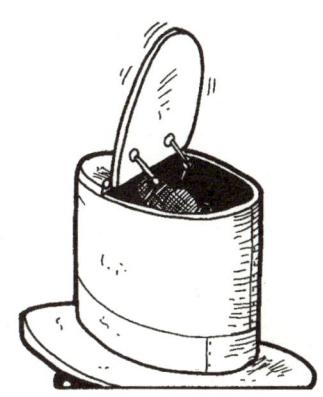

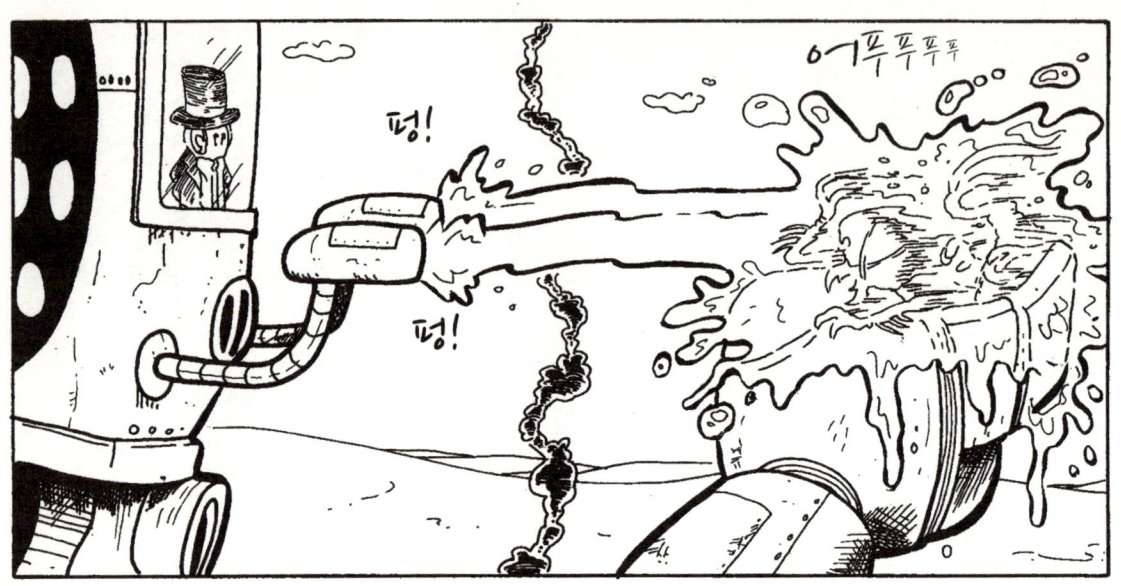

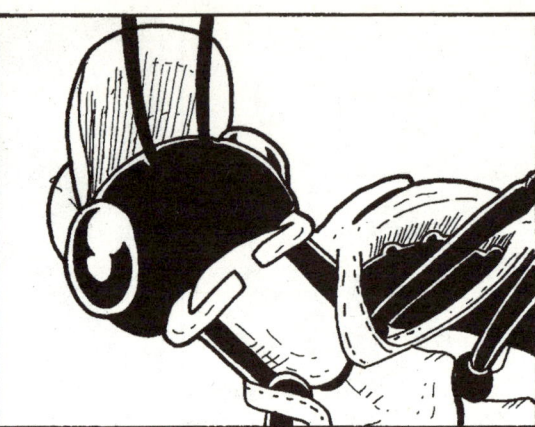

뭐…그게 무슨 소리야…?

네 아빠가 말 안 해줬나?

물론 안 했겠지.
도둑에다 겁쟁이니까.

마음의 준비 단단히 해.

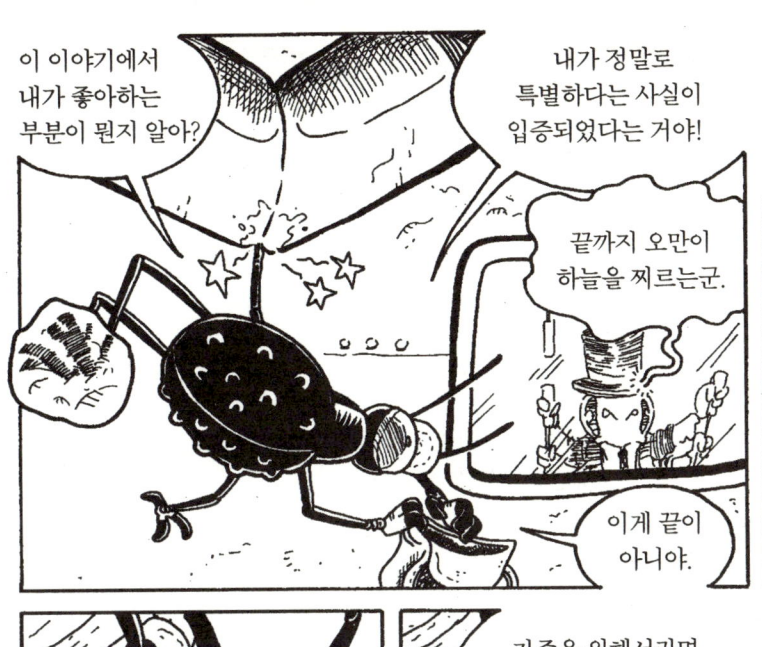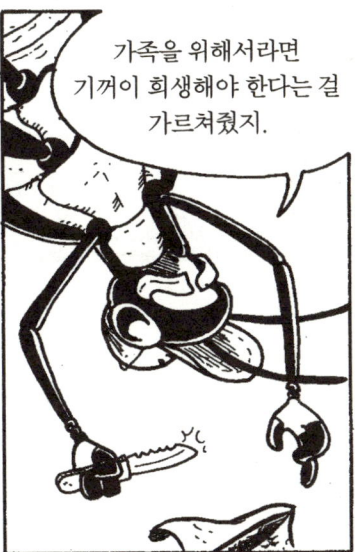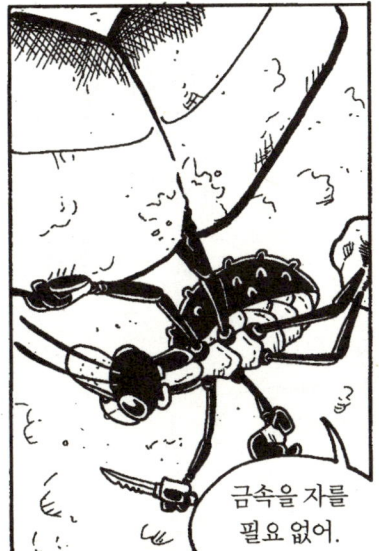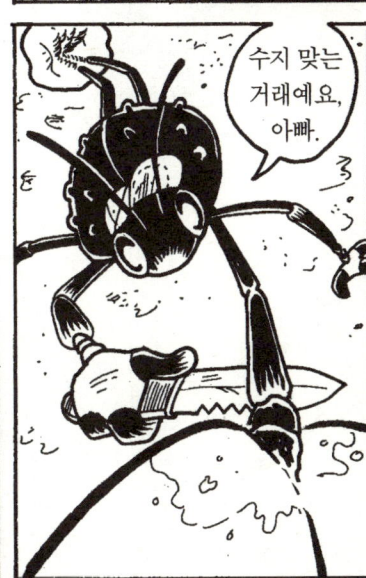

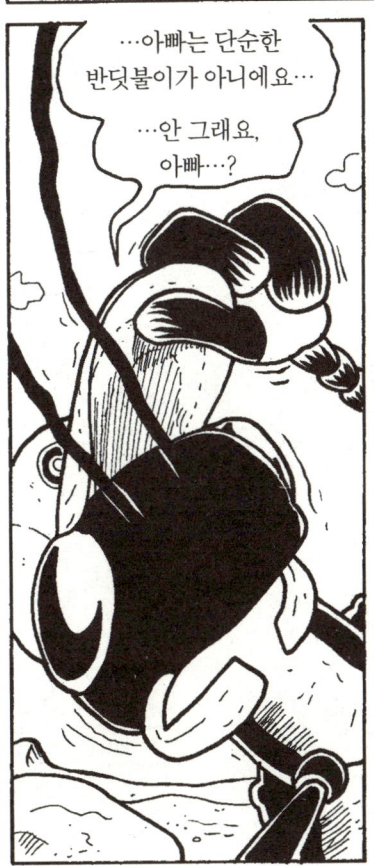

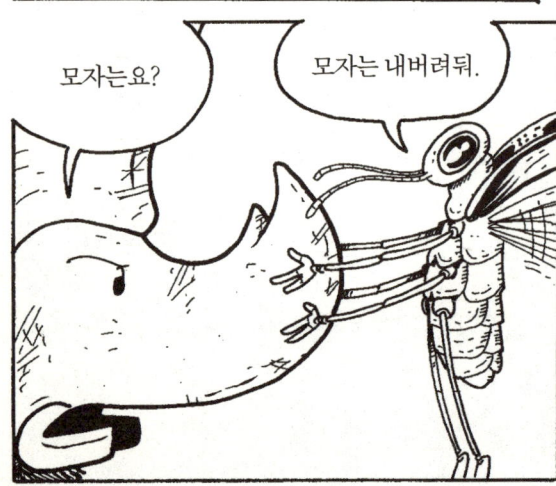

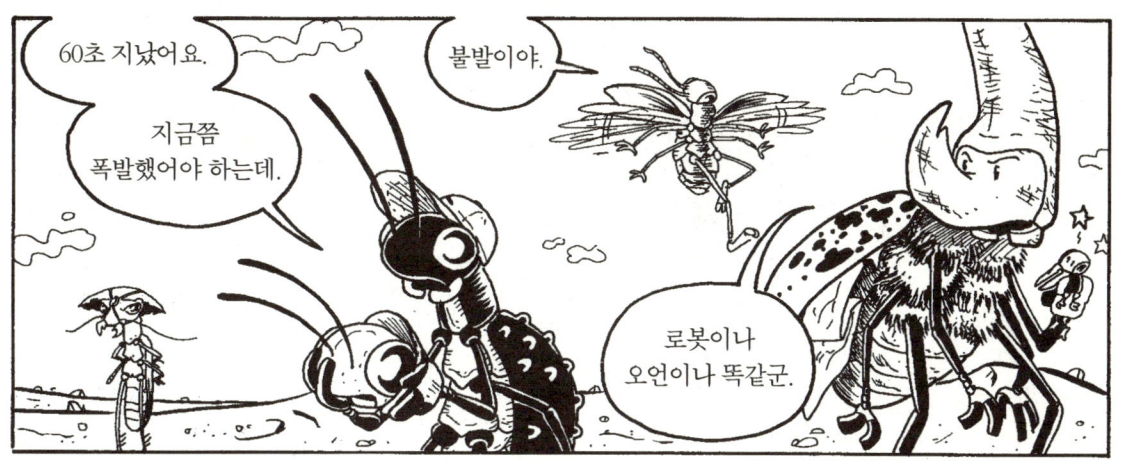

Chapter 15

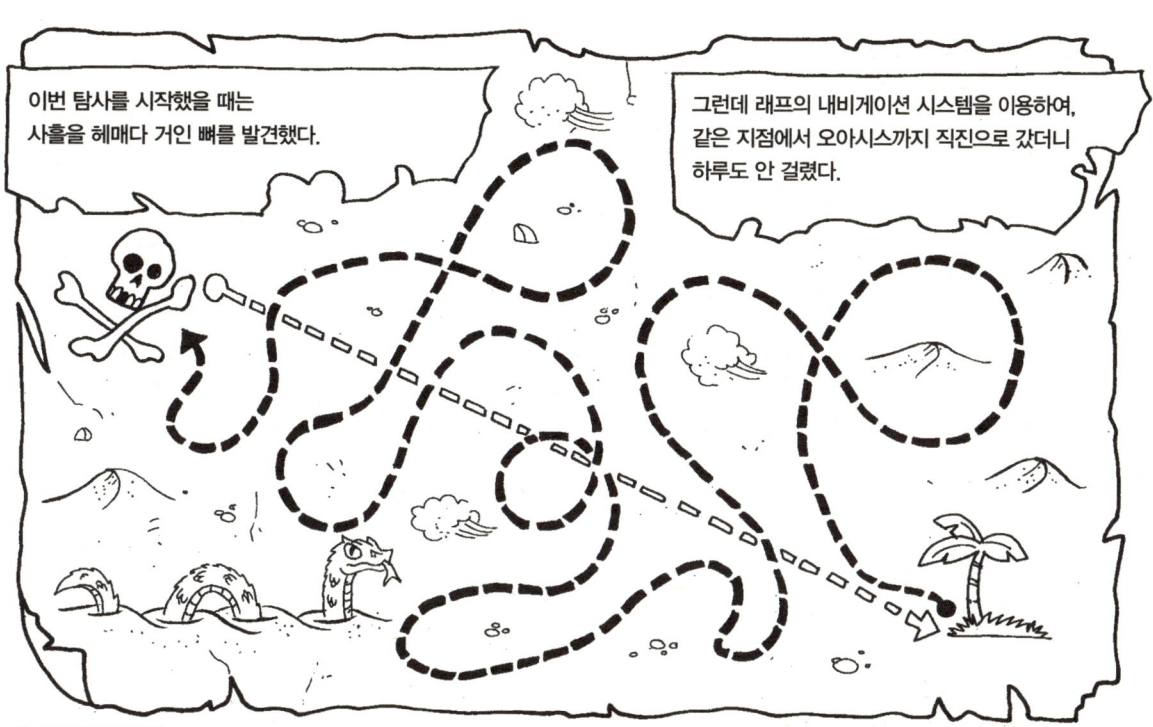

이번 탐사를 시작했을 때는 사흘을 헤매다 거인 뼈를 발견했다.

그런데 래프의 내비게이션 시스템을 이용하여, 같은 지점에서 오아시스까지 직진으로 갔더니 하루도 안 걸렸다.

도시 관문을 한참 앞두고 내 뼈가 오아시스 위로 솟아 있는 것이 보였다.

이 흉물을 세운 자는 하루 종일 의식을 되찾지 못했다.

오언은 감방에서 정신을 차렸다. 하지만 오래 갇혀 있진 않았다. 고위직 친구가 많아서 금방 풀려났다.

모리아티 교도소

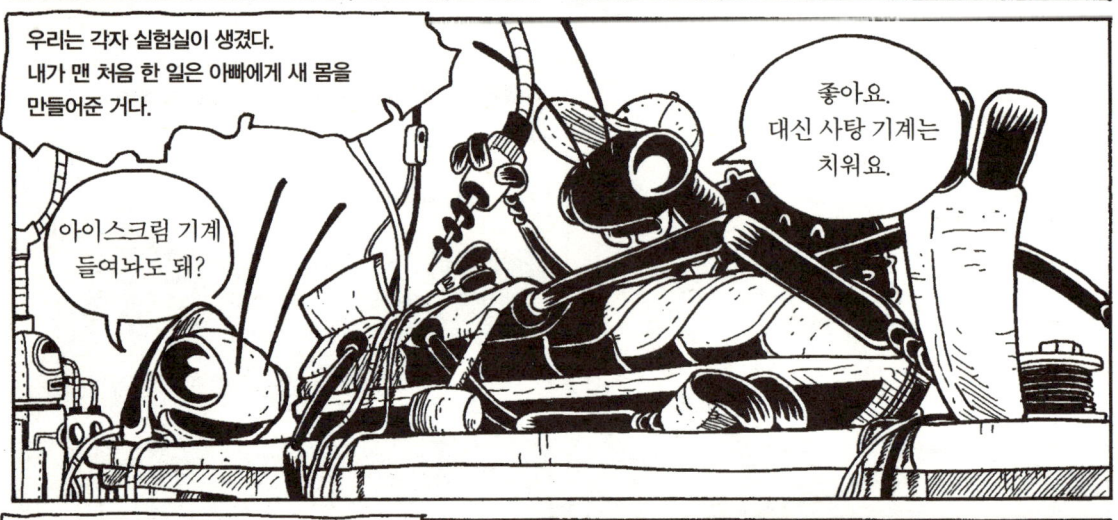

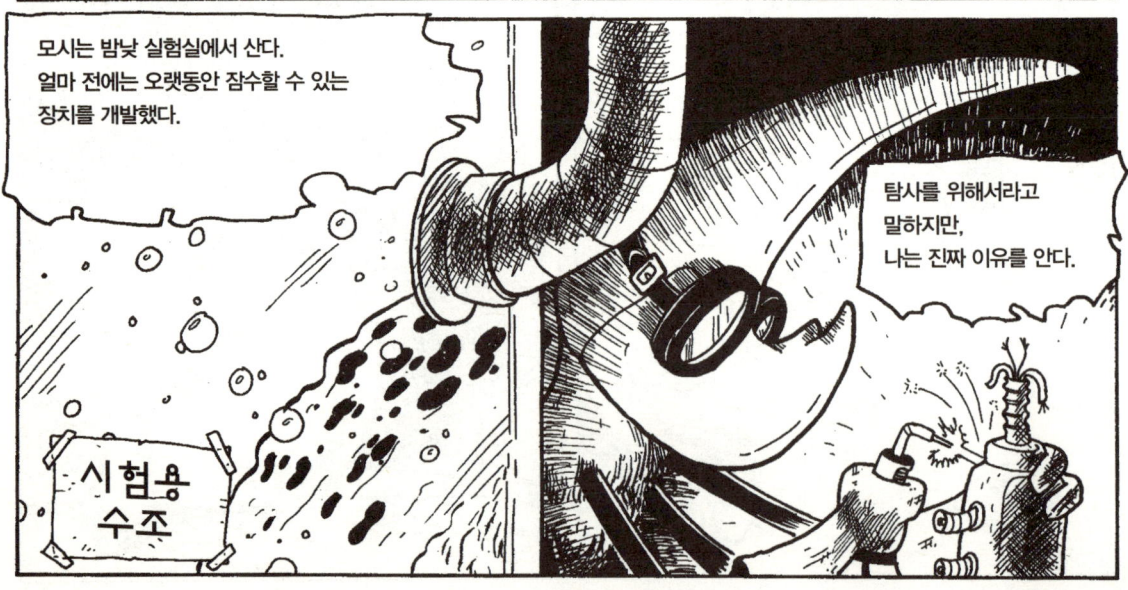

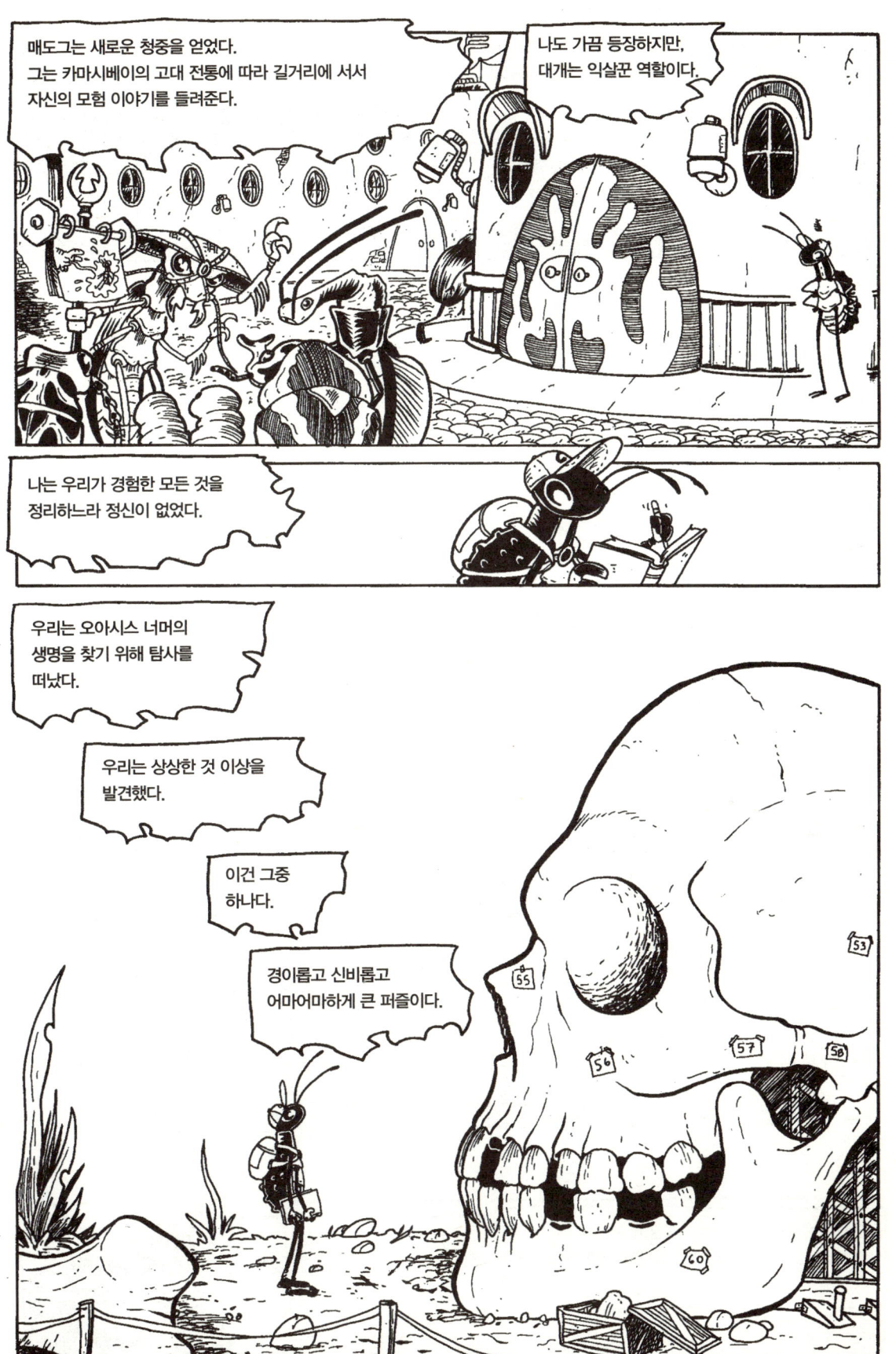

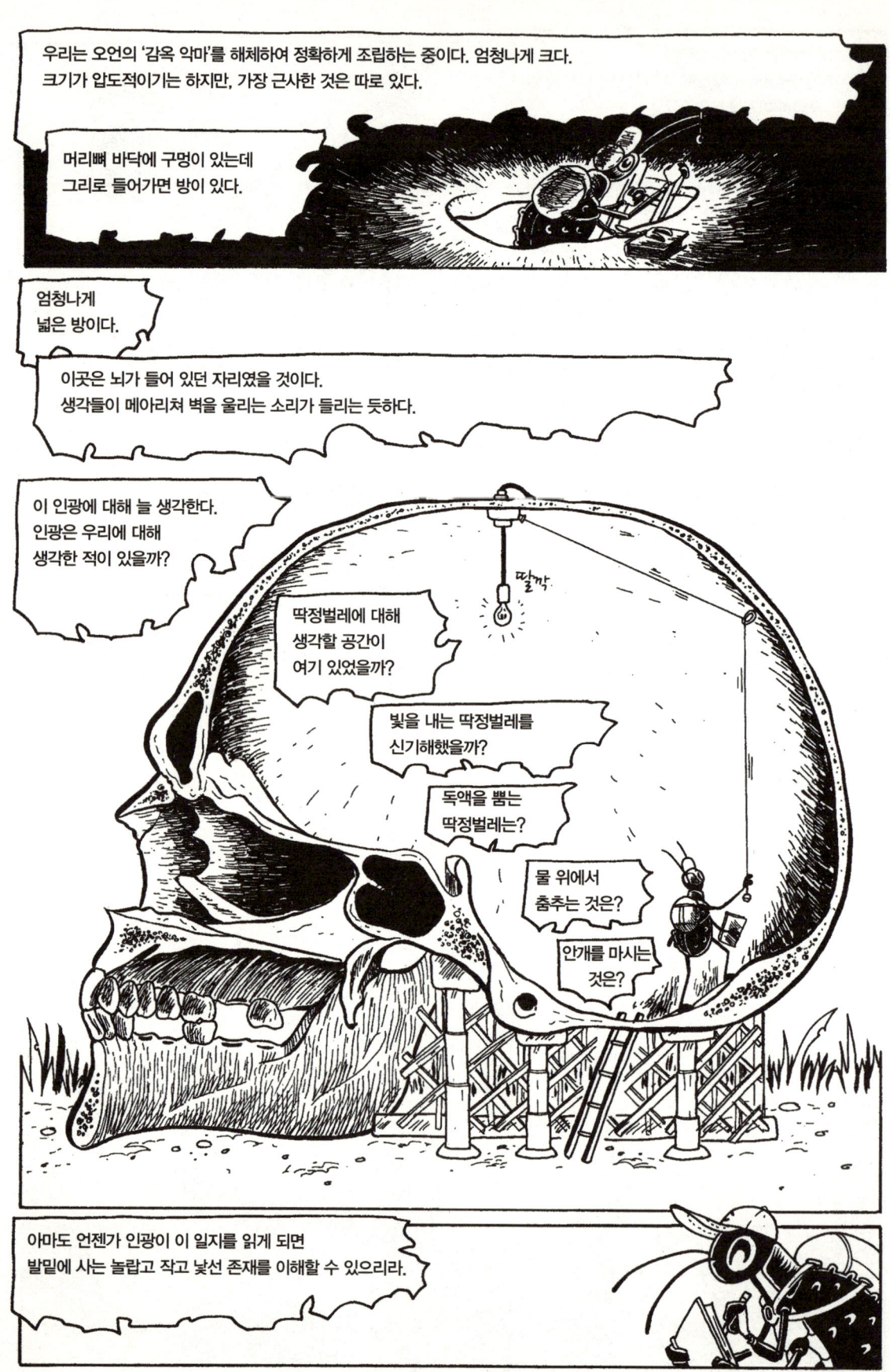

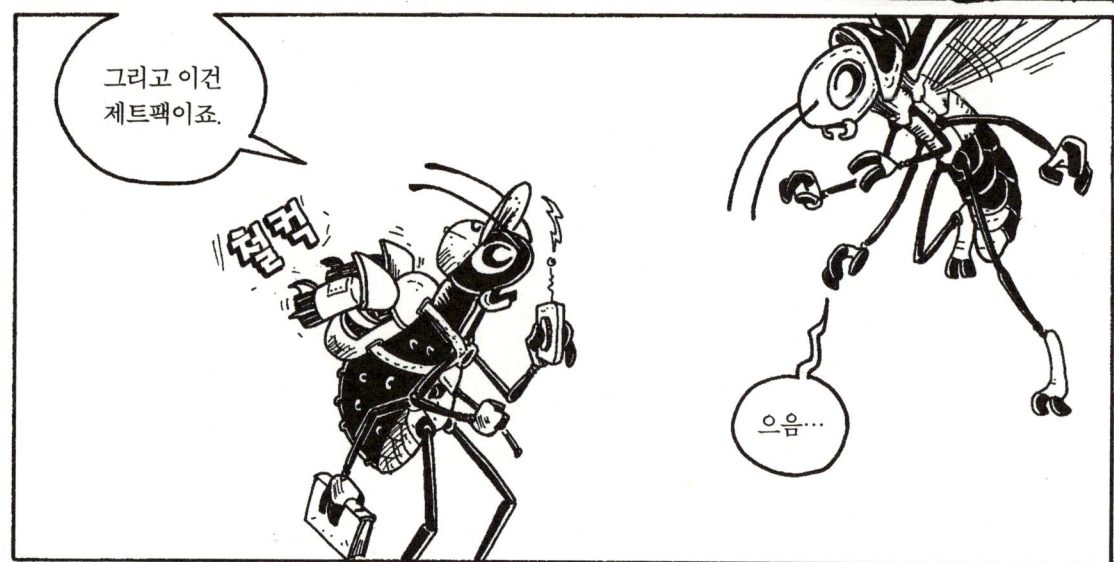

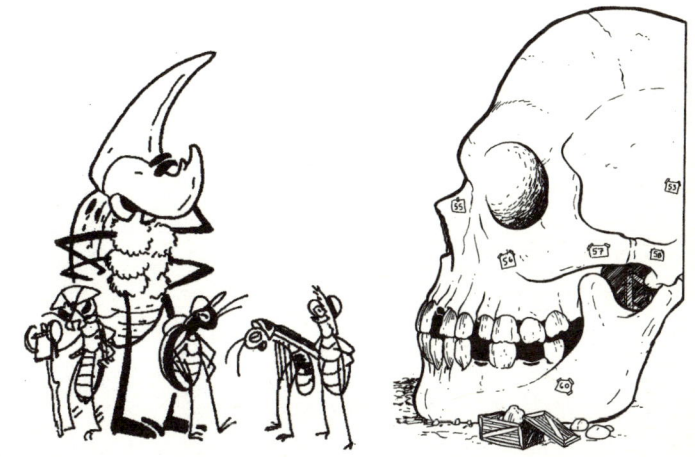

부모님
마돈나 호슬러와 스콧 호슬러,
그리고 형제자매들에게
이 책을 바칩니다.

이 책을 쓰는 데 걸린 10여 년의 세월 동안 수많은 사람들에게 도움을 받았습니다. 전체 원고를 여러 번 읽고 솔직한 의견을 제시한 리사 호슬러, 맥스 호슬러, 잭 호슬러에게 깊은 감사를 전합니다. 원고를 세심하게 읽어준 데이브 슝, 리베카 슝, 벤저민 슝, 로라 화이트, 제이미 화이트, 벨 튜튼, 짐 튜튼, 캐시 스텐슨, 맷 파월, 짐 오타비아니, 존 커슈봄, 잰더 캐넌, 크레이그 피셔, 조 서틀리프 샌더스, 재러드 로셀로, 다린 구아리노, 트로이 커밍스에게도 감사합니다. 마지막으로, 저를 인도하고 지원하고 참아주고 늘 다정하게 대한 퍼스트세컨드 출판사의 캘리스타 브릴, 콜린 베너블, 지나 갈리아노에게 마음 깊이 사의를 표합니다.

· 옮긴이의 글 ·

딱정벌레의 눈으로 본 세상

인류가 지구를 정복하지 않았으면 지구의 주인은 딱정벌레였을지도 모른다. 종 다양성이 성공의 잣대라면 딱정벌레는 지구상에서 가장 성공한 목 중 하나다. 지구상의 모든 동물 종 중에서 약 30퍼센트가 곤충인데 그중 40퍼센트가량이 딱정벌레다. 알려진 종만 해도 25만 종이 넘는다. 딱정벌레의 성공 비결 중 하나는 앞날개가 딱딱하게 변한 딱지날개(시초)로, 연약한 날개를 보호하는 역할을 한다. 그 덕에 딱정벌레는 육해공 어디에서나 적응하여 살 수 있게 되었다.

딱정벌레의 눈으로 본 세상은 딱정벌레와 딱정벌레 아닌 것으로 나뉠 것이다. 딱정벌레에게 지능이 있다면 세상에는 왜 이렇게 딱정벌레가 많은지 궁금해 할지도 모르겠다. 어쩌면 자신들이 신에게 선택받은 생물이라고 생각하려나? 이 책의 주인공들처럼 사막 한가운데(어쩌면 초등학교 운동장 구석일 수도 있다)에 있는 작은 오아시스에 사는 딱정벌레들이라면 바깥세상이 궁금할 법도 하다. 현상을 유지하는 것이 자기네에게 유리한 지배층 딱정벌레라면 이런 불경한 호기심을 억누르고 싶어 할 테지만.

이 책은 딱정벌레의 생태와 과학적 사실들에 대한 책이기도 하지만, 종교와 기득권층의 억압에 저항하는 숭고한 인간 정신의 승리에 대한 책이기도 하다. 동물을 의인화하는 책은 동물을 새로운 관점에서 보게 해줄 뿐 아니라 우리 자신 또한 객관적으로 보게 해준다. 우리가 딱정벌레의 말을 못 알아들어서 그렇지 정말로 바깥세상을 탐험하는 딱정벌레가 있을지도 모를 일이다. 생물이 새로운 서식처를 개척하여 적응하는 것 자체가 일종의 탐험이니 말이다. 모든 생태적 틈새는 그렇게 메워진다. 호모 사피엔스가 지능을 가지게 된 것이 필연적 사건이 아니라면 지구상에서 가장 성공한 동물인 딱정벌레가 지능을 가지지 못하란 법도 없으리라.

이 책은 만화이지만 정확한 과학적 지식을 토대로 삼고 종교와 과학의 대립이라는 진지한 주제를 다루고 있으며 출생의 비밀이라는 드라마적 요소가 들어 있는 데다 대중문화에 대한 오마주까지 담겨 있어서 아이 혼자 읽도록 내버려두기에는 아깝다. 부모가 함께 읽고 아이와 이야기를 나누길 권한다. 나도 한국어판이 출간되면 큰애와 함께 읽어볼 생각이다. 이 책을 통해 아이들이, 또한 여러분이 과학의 즐거움에 한발 더 가까워지기 바란다.

2016년 8월

노승영

어메이징 샌드워커
• 비하인드 스토리 •

1장

11쪽 · 우리는 길일에 출발했다. 내 여동생에게 물어보라(이날은 저자 여동생의 생일이다―옮긴이).

13쪽 · 스카라부스라는 이름은 풍뎅이SCARAB BEETLE에서 땄다. 고대 이집트인들은 (풍뎅이과에 속하는) 쇠똥구리가 하늘에서 해를 굴린다고 믿어서 풍뎅이를 신성시했다. 풍뎅이는 색깔이 휘황찬란하기 때문에, 이집트 미술에 많이 등장하는 것도 놀랄 일이 아니다. 풍뎅이를 비롯한 예쁜 딱정벌레의 사진을 보고 싶으면 폴 베크먼POUL BECKMAN의 『살아 있는 보석LIVING JEWELS』을 읽어보라.

15쪽 · 더듬이는 탐사의 상징으로 이상적이다. 더듬이에는 곤충이 주위 환경을 맛보고 냄새 맡고 감촉하는 데 필요한 감각 기관이 들어 있다. 날 때 습도를 감지하고 풍속을 측정하는 데도 쓰인다. 곤충의 혀, 코, 손가락, 수맥 탐지봉, 속도계를 모두 합친 셈이다.

2장

21쪽 · 냉각혼수CHILL COMA는 나의 졸업 논문 주제였다. 냉각혼수란 곤충의 근육(과 아마도 신경)이 저온에서 정지 전위RESTING ELECTRICAL POTENTIAL(신경이나 근육이 흥분하지 않은 정지 상태에서 세포에 생기는 전위차―옮긴이)를 잃는 가역적 상태를 일컫는다. 그 결과 곤충은 신호를 보내어 근육을 수축시키지 못하며 결국 움직일 수 없어 쓰러진다. 하지만 이 과정은 되돌릴 수 있다(가역적). 온도를 높이면 다시 살아난다(단, 냉각혼수 상태로 오래 두면 죽을 수도 있다). 호슬러, 벤스, 에슈의 흥미진진한 논문 "FLIGHT MUSCLE RESTING POTENTIAL AND SPECIES-SPECIFIC DIFFERENCES IN CHILL-COMA"(2000, *Journal of Insect Physiology*. 46(5):621-627)를 읽으면 냉각혼수의 모든 것을 알 수 있다.

23쪽 · 침낭에 고약한 화학 물질을 발라 포식자를 쫓은 것을 보니 봉바르디에 교수는 화학생태학에 대해 뭔가 아는 듯하다. 내가 알기로, 그녀는 틀림없이 화학생태학 현장 연구의 선구자 토머스 아이스너THOMAS EISNER의 『비밀 무기SECRET WEAPONS』를 읽었을 것이다.

26, 27쪽 · 루시는 나미비아 사막에 사는 거저리과TENEBRIONID 딱정벌레 스테노카라STENOCARA SP.를 모델로 삼았

다. 스테노카라의 딱지날개^{ELYTRA}에는 물을 포획하는 장치가 있는데, 그 원리는 이 책에서 묘사한 같으며 《네이처^{NATURE}》에 실린 논문 "WATER CAPTURE BY A DESERT BEETLE"에서 자세히 설명한다. 스테노카라는 딱지날개가 융합되어 있다. 스테노카라의 너비는 1센티미터밖에 안 되기 때문에, 루시는 실제 스테노카라보다 조금 크게 그렸다.

27쪽 · 교수 임용 면접을 볼 때 여러 기관에서 흥미로운 교수와 학장을 여럿 만날 수 있었다. (실은 아주 많이 만났는데, 아무도 날 채용하고 싶어 하지 않았기 때문이다.) 한 기관에서 나눈 대화가 잊히지 않는다. 학장은 나보고 학생들을 '응결^{CONDENSE}'하지 말라고 몇 번이나 말했다. 학장이 하려던 말은 '거들먹거리다^{CONDESCEND}'였을 것이라고 확신한다. 학생들에게 침을 뱉거나 물을 뿌린다는 것은 있을 수 없는 일이니까. 이곳은 내게 채용 제의를 한 극소수 기관 중 하나였는데, 내가 거절했다.

28쪽 · 오언 교수는 빅토리아 시대의 위대한 해부학자이자 찰스 다윈의 숙적 리처드 오언^{RICHARD OWEN}의 이름을 땄다. 그는 날개가 없는 동굴사슴벌레^{CAPE STAG BEETLE(COLOPHON PRIMOSI)}를 대략적으로 본떴지만 실제보다 작게 그렸다. 동굴사슴벌레의 자연사는 깊이 연구되지 않았으며 앞으로도 쉽지 않을 것이다. 딱정벌레 수집가들 때문에 개체수가 너무 줄어서 국제 거래와 수출이 금지되었기 때문이다.

28쪽 · 기관^{TRACHEAE}은 호흡 기관으로, 곤충의 몸 전체에 가지를 뻗는다. 공기는 곤충의 측면에 있는 기문^{氣門}이라는 작은 구멍을 통해 기관에 들어간다(콧구멍이 배에 있다고 상상해보라). 곤충은 우리처럼 들숨과 날숨을 쉬지 않기 때문에, 산소가 기관에서 수동적으로 이동한다. 그래서 딱정벌레는 관악기를 연주하기 힘들다. 관악기를 불려면 숨을 매우 정교하게 내뿜어야 하기 때문이다. 하지만 "TRACHEAL RESPIRATION IN INSECTS VISUALIZED WITH SYNCHROTRON X-RAY IMAGING"(2003)이라는 논문에서 마크 웨스트니트^{MARK WESTNEAT} 연구진은 기관을 주기적으로 수축시켜 공기를 능동적으로 마시고 뱉는 딱정벌레가 있다고 보고했다. 그러니 루시도 나팔을 불 수 있을지 모른다. 하지만 틀림없이 잘 불지는 못할 것이다. 그럼에도 우리 어머니를 위해서 이 책에 음악을 몇 곡 넣어야 했다. 어머니가 우리의 주인공들과 함께 사막에 있었다면 장엄한 트롬본 독주로 기상나팔을 부셨을 것이다.

31쪽 · 뿔 달린 독사 케라스테스 케라스테스^{CERASTES CERASTES}는 모래 속에 숨어 먹잇감이 지나가길 기다린다. 이 학명은 그리스 신화에서 같은 식으로 희생자를 사냥하는 뱀 케라스테스의 이름에서 땄다.

31쪽 8칸 그림 · 루시는 딱지날개가 융합되어 있어서, 날개를 펼치지 못한다. 날 수 없는 것은 이 때문이다.

37쪽 · 내 연구실에는 밀가루벌레 군체가 있는데, 4년째 책상 위에서 살고 있다. 날아가지도 않고, 밀가루에서 모든 양분과 물을 얻는다. 이곳에서 한살이를 겪으며, 내게서 피할 때는 밀가루 속으로 파고든다.

3장

43쪽 · 3장은 주니아타 대학 조교수 시절에 그렸다. 종신 교수직과 자리 보장에 대한 염려가 이 장면에 영감을 불어넣었다.

49쪽 · 곤충은 페로몬을 여러모로 활용한다. 벌은 벌집에 위험을 알리는 데 쓰고, 개미는 발자국을 표시하는 데 쓰고, 나방은 짝을 찾는 데 쓴다. 특히 나방 암컷은 짝짓기할 때가 되면 페로몬을 공중에 분비하여 수컷에게 알린다. 수컷은 수 킬로미터 밖에서도 이 신호를 포착할 수 있으며 암컷을 향해 정확히 날아온다. 더욱 인상적인 것은, 이 일이 주로 밤에 일어나기 때문에 나방은 아무것도 볼 수 없다는 것이다. 이 장면에 등장하는 나방들은 더듬이에 가지가 많이 달린 것으로 보아 수컷이다. 이렇게 가지가 나 있으면 암컷의 희미한 페로몬 신호를 포착하는 데 유리하다. 이에 반해 암컷 나방은 더듬이가 가늘고 밋밋하다. 암컷 나방은 사랑을 찾으러 떠날 필요가 없다. 사랑이 찾아오니까.

51쪽 · 내가 사는 도시는 스탠딩스톤 지류STANDING STONE CREEK가 주니아타 강에 흘러드는 곳에 건설되었다. 시내에는 이곳 인디언 부족이 세운 비슷한 거석을 기념하는 돌기둥이 서 있다. 역사 기록만 가지고는 이 돌기둥이 교차로 표지석인지, 아니면 부족들이 이주하면서 가지고 다녔는지 분명치 않다. 어쨌든 이 돌기둥은 우리 공동체의 상징이며 내가 집이라고 부르는 장소를 나타낸다.

4장

63, 64쪽 · 이 나방들에 달린 로봇 인터페이스는 미래의 장치처럼 보이지만, 실제로는 그렇지 않다. 연구자들은 등에 컴퓨터 칩이 달리고 뇌에 전선이 삽입된 사이보그 딱정벌레를 이미 개발했다. 과학자들은 실제로 딱정벌레의 특정 뇌 영역을 활성화하여 비행과 방향 전환 같은 행동을 제어할 수 있다. 믿기지 않는다고? 《사이언티픽 아메리칸SCIENTIFIC AMERICAN》 2010년 12월호에서 "CYBORG BEETLES" 기사를 찾아보라. 사진도 있다.

66쪽 · 바닷물과 민물에는 용해된 영양소, 미생물, 플랑크톤, 떠다니는 사체 조각이 가득하다. 이런 조건에서는 물 밑바닥에 살면서 자기 쪽으로 흘러오는 것을 무엇이든 먹는 부유물 섭식 생물이 있더라도 놀랍지 않다. 하지만 땅에서 부유물 섭식 생물을 발견하는 것은 다소 놀라운 일이다. 공기 중에는 영양소와 유기물 찌꺼기가 훨씬 적기 때문이다. 하지만 거미줄을 치는 거미는 끈적끈적한 거미줄에 달라붙는 운 나쁜 생물을 죄다 먹어치우며 살아간다.

67쪽 · 거미가 먹잇감을 녹이는 이유는 저작 기관(씹는 기관)이 없기 때문이다. 먹잇감에 독침을 쏘아 마비시킬 수는 있지만, 작은 조각으로 잘라서 으깰 수는 없다. 대신 먹잇감에 효소를 주입하여 소화시킨 뒤에 먹는다.

67쪽 9칸 그림 · 거미와 곤충은 발에 미각 수용기가 풍부한 경우가 많다. 어떤 경우는 같은 종끼리도 수컷과 암컷이 발로 맛을 지각하는 능력이 다를 때도 있다. "FEMALE BEHAVIOUR DRIVES EXPRESSION AND EVOLUTION OF GUSTATORY RECEPTORS IN BUTTERFLIES"라는 논문에서 아드리아나 브리스코ADRIANA BRISCOE 연구진은 헬리코니우스 멜포메네HELICONIUS MELPOMENE 종 나비의 암컷의 발에는 미각 수용기가 많이 있지만 수컷에는 없다는 사실을 밝혀냈다. 암컷은 식물의 독성 화학 물질을 감지할 수 있어야만 어떤 식물에 알을 낳아도 안전한지 알 수 있다. 이 논문은 《PLOS 유전학PLOS GENETICS》에 발표되었으며 나비에 대한 두 쪽짜리 만화가 실렸는데 저자의 의뢰로 내가 그린 것이다(만화 링크: HTTP://JOURNALS.PLOS.ORG/PLOSGENETICS/ARTICLE/ASSET?UNIQUE&ID=INFO:DOI/10.1371/JOURNAL.PGEN.1003620.S001―옮긴이).

68쪽 · 거미는 먹을 수 없는 것은 거미줄에서 잘라낸다. 토머스 아이스너는 『전략의 귀재들 곤충』(삼인)에서 미국무당거미$^{NEPHILA\ CLAVIPES}$가 맛이 고약한 얼룩보행자나방$^{UTETHESIA\ ORNATRIX}$을 거미줄에서 잘라내는 장면을 묘사한다. 이 나방은 거미줄에 걸려도 몸부림치지 않는다. 결과를 예감한 듯 움직이지 않은 채 거미가 풀어줄 때까지 기다린다(한국어판 438쪽).

68쪽 8칸 그림 · 많은 거미들은 밤마다 거미줄을 새로 잣고 아침에 먹어치워 실을 재활용한다. 타운리$^{MARK\ A.\ TOWNLEY}$와 틸링해스트$^{EDWARD\ K.\ TILLINGHAST}$는 거미가 낡은 거미줄의 실을 얼마나 재활용하는지 알고 싶어서 거미에게 방사성 14C 포도당을 먹였다. 14C는 거미의 실을 거쳐 최종적으로 거미줄에 주입되었다. 놀랍게도 낡은 거미줄을 먹은 거미는 실의 단백질을 거의 전부 가용화^{可溶化}하고 30분 뒤에 그중 최대 32퍼센트를 재활용할 수 있다. 앞선 논문에서 피컬$^{DAVID\ B.\ PEAKALL}$은 거미^{ARANEUS}를 [3H]알라닌으로 표지된 방사성 거미줄에 올려놓았다. 피컬은 이 거미가 거미줄을 먹은 지 30분 이내에 실 단백질의 80~90퍼센트를 재활용했다고 보고했다.

75쪽 4칸 그림 · 곤충이 아주 높은 곳에서 떨어져도 다치지 않는 능력에 대해 생각하게 된 계기는 생태계 교란 식물인 부처꽃$^{PURPLE\ LOOSESTRIFE}$에 대한 뉴스 기사였다. 부처꽃의 원산지는 유럽인데, 그곳에서는 천적인 검은줄무늬부처꽃딱정벌레$^{BLACK-MARGINED\ LOOSESTRIFE\ BEETLE}$ 때문에 개체수가 억제되었다. 털부처꽃이 북아메리카에 퍼지는 것을 막기 위해 미국과 캐나다의 농민들은 헬리콥터를 타고 밭 위를 날며 검은줄무늬부처꽃딱정벌레를 쏟아부었다. 포유류라면 이렇게 할 수 없다.

75쪽 · 대학교 여름 방학에 부모님과 관람한 시카고 컵스 경기는 좋은 추억으로 남아 있다. 루시의 모자가 나의 컵스 모자와 비슷하기는 하지만, 사실은 콜리오폴리스 그럽스$^{COLEOPOLIS\ GRUBS}$ 모자다.

5장

88쪽 · '공룡$^{DYNO-SOAR}$'은 (분명히 드러나듯) 조류의 자랑스러운 진화적 계보에 빗댄 표현이다. 여러분이 딱정벌레 크기라면 참새가 티라노사우르스 렉스처럼 보일 것이다. 정확히 말하자면 '하늘을 나는' 티라노사우르스 렉스처럼 보일 텐데, 이거야말로 설상가상일 것이다.

89쪽 · 호박은 나뭇진이 굳은 것으로, 그 안에 갇힌 생물은 오래전 생명을 엿볼 수 있는 흥미로운 창이다. 대다수 호박 생물은 곤충이지만 도마뱀붙이와 깃털, 개구리도 있다.

호박 속 곤충은 책과 영화 <쥬라기 공원>이 인기를 끈 1990년대에 유행했다. 이 이야기에서는 과학자들이 호박에 갇힌 모기의 위장에서 공룡 DNA를 추출하여 이 DNA로 공룡 유전체를 재구성하고는 공룡 테마파크에 공룡을 풀어놓는다. 그 뒤로 대소동이 벌어진다. 나도 살아 있는 공룡을 무척 보고 싶기는 하지만, 호박 속 곤충으로 공룡을 복원할 수 있을 것 같지는 않다. 데이비드 페니$^{DAVID\ PENNY}$ 등의 최근 연구에서는 차세대 DNA 염기 서열 분석 기법을 이용하여 단 하나의 유전자를 복원하기에 충분한 DNA를 추출하는 것은 최상의 조건에서도 불가능하며 브라키오사우루스를 복원하는 데 필요한 유전 정보 전체를 재구성하는 것은 어림도 없음을 밝혀냈다. 이 논문은 《PLOS 원$^{PLOS\ ONE}$》에 발표되었으며 자유롭게 열람하고 내려받을 수 있다.

94쪽 · 윌러드 프랭크 리비WILLARD FRANK LIBBY는 방사성 탄소 연대 측정법을 개발하여 1960년에 노벨상을 받았다. 이 기법 덕분에 과학자들은 (예측 가능한) 방사성 붕괴 속도를 이용하여 화석이 얼마나 오래됐는지 알 수 있다. 노벨상 위원회 홈페이지에 리비의 훌륭한 전기傳記가 올라와 있다. HTTP://WWW.NOBELPRIZE.ORG/NOBEL_PRIZES/CHEMISTRY/LAUREATES/1960/LIBBY-BIO.HTML

6장

108쪽 1칸 그림 · 이 식물은 연구실에 있는 것을 보고 그렸다. 그 뒤로 오래 살지는 못했다. 물을 정기적으로 주지 않아서 시든 모양이다.

108쪽 2칸 그림 · 이것은 데즈카 오사무手塚治虫의 『우주소년 아톰』에 대한 오마주다. 그의 아톰 단면도는 늘 내게 영감을 주었다. 데즈카는 뛰어난 만화가였으며 일생 동안 수천 쪽의 만화와 수많은 그래픽노블을 남겼다. 그는 특히 내게 가깝고 소중하게 느껴지는데, 그 이유는 그가 처음에 의사 훈련을 받았고 곤충을 무척 좋아했기 때문이다. 데즈카는 열다섯 살에 『원색갑충도보原色甲蟲圖譜』를 출간했다. 그가 그린 근사한 딱정벌레 그림을 보고 싶으면 헬렌 매카시HELEN MCCARTHY의 『만화의 신 데즈카 오사무의 예술 THE ART OF OSAMU TEZUKA, GOD OF MANGA』을 읽어보기 바란다.

112쪽 · 딱정벌레는 모든 곤충 종의 약 40퍼센트이며, 지구상에 서식하는 모든 동물 종의 약 30퍼센트다. 이에 반해 어류, 양서류, 파충류, 조류, 포유류는 알려진 모든 동물 종의 3~5퍼센트에 지나지 않는다. 딱정벌레는 왜 이토록 성공을 거두었을까? 그것은 딱지날개 덕분인지도 모른다. 대다수 곤충은 두 쌍의 날개가 있는데, 딱정벌레는 앞쪽의 날개 한 쌍이 뒷날개를 보호하는 딱딱한 겉날개인 딱지날개로 진화했다. 비행을 위한 날개 한 쌍을 포기했다는 것은 딱지날개에 날개 자체보다 더 유용한 독자적인 진화적 이점이 있음을 의미한다. 딱지날개가 몸을 보호하기 때문에, 딱지날개가 없는 연약한 곤충은 들어가지 못하는 거친 은신처에 숨어들 수 있는 것일까? 아니면 딱지날개는 포식자를 막아주는 좋은 방어막이었을까? 어느 쪽이든 딱지날개가 딱정벌레의 성공에 중요한 요인이었음은 분명하다.

118쪽 · 래프는 우리 할아버지 래피얼RAPHAEL과 랠프RALF의 이름을 땄으며 북아메리카반딧불이PHOTINUS PYRALIS를 바탕으로 삼았다. 래프의 궁둥이에서 빛이 반짝거리는 것은 루시페레이스LUCIFERASE(발광소)라는 효소의 작용 덕분이다. 루시페레이스는 타락한 천사 루시퍼의 이름을 땄는데, '루시퍼'는 '빛나는 것, 새벽별'이라는 뜻이다. 몸에 루시페레이스가 들어 있는 종으로는 반딧불이, 방아벌레CLICK BEETLE, 버섯, 소형 해양 절지동물, 바다팬지SEA PANSY 등이 있다. 루시페레이스가 어떻게 작용하고 어떤 생물이 이를 이용하는지 알려면 위키백과의 루시페레이스 페이지를 참고하라.

7장

126쪽 · 송장벌레(속)NICROPHORUS는 사체를 묻는 딱정벌레로, 귀뚜라미와 비슷한 소리를 낸다. 귀뚜라미는 날개 가장자리를 비벼 소리를 내는데, 이를 마찰음STRIDULATION이라 한다. 날개 한쪽에는 오톨도톨하게 줄이나 있으며 다른 쪽에는 딱딱한 긁개가 있다. 귀뚜라미가 긁개로 줄을 빠르게 긁으면 따스한 여름밤에 귀를 즐겁게 하는 귀뚤귀뚤 소리가 난다. 송장벌레는 줄과 긁개가 딱지날개에 있으며 교미 중에 마찰음을 내어 포식자를 쫓고 애벌레와 대화한다. 내가 송장벌레 이야기를 처음 접한 것은 에번스$^{ARTHUR\ V.\ EVANS}$와 벨러미$^{CHARLES\ L.\ BELLAMY}$가 쓴 『딱정벌레의 세계』(까치)라는 훌륭한 책에서다.

128쪽・ 대부분의 딱정벌레는 새끼를 거의 돌보지 않지만, 송장벌레는 자식을 애지중지한다. 암컷이나 수컷은 사체를 묻어두고 짝이 찾아오기를 기다린다. 때로는 묻기 좋은 장소를 찾으려고 자기보다 훨씬 큰 사체를 몇 미터씩 나르기도 한다. 짝을 이룬 암컷과 수컷은 함께 보금자리를 만들고 애벌레를 위해 먹이를 미리 소화시킨 뒤에 애벌레가 번데기가 될 때까지 기다린다.

131쪽・ 많은 곤충은 독성 화학 물질을 섭취하여 몸에 저장할 수 있다. 이것은 포식자로부터 스스로를 보호하는 효과적인 방법이다. 여기에 화려한 색깔을 곁들이면, 자신에게서 고약한 맛이 난다는 사실을 잠재적 포식자에게 알리는 뚜렷한 신호를 보낼 수 있다. 아무 북아메리카큰어치$^{BLUE\ JAY}$나 붙잡고 물어보라. 모나크나비$^{MONARCH\ BUTTERFLY}$가 맛이 지독하다고 말해줄 것이다!

131쪽・ 많은 동물은 같은 종의 구성원과 소통하는 부호가 있다. 이런 신호로는 냄새(개미), 노래(귀뚜라미), 촉각(초파리 짝짓기) 등이 있다. 반딧불이 암컷과 수컷은 종마다 고유한 발광 패턴을 이용하여 짝을 찾는다. 밤중에 드넓은 들판에서 작디작은 반딧불이가 짝을 찾을 수 있는 것은 이 덕분이다. 이 신호는 아주 독특하기 때문에 다른 종의 발광 신호를 쫓아다니느라 시간을 낭비하지 않아도 된다. 이것은 대체로 신뢰할 만한 체계다. 하지만 이렇게 고유한 신호는 악용되기 쉽다. 포투리스속^{PHOTURIS} 반딧불이는 포티누스속^{PHOTINUS} 반딧불이의 발광 신호를 흉내 내어 수컷 포티누스를 죽음으로 유인한다. 엉뚱한 곳에서 사랑을 찾다가 죽음을 맞는 포티누스속 수컷의 사연이 가슴 아프다.

132쪽・ 머리 용수철은 『우주소년 아톰』에 대한 또 다른 오마주다.

136쪽・ 이제 교수가 뱀을 만나서 어떻게 살아남았는지 알 수 있을 것이다. 봉바르디에 교수는 폭탄먼지벌레$^{BOMBARDIER\ BEETLE}$다. 그녀의 겉모습은 토머스 아이스너의 『비밀 무기』(157쪽)에 실린 사진을 바탕으로 삼았다. 설명에 따르면 사진 속 폭탄먼지벌레는 남아메리카의 동정^{同定}되지 않은 종이다. 폭탄먼지벌레는 두 단계에 걸쳐 독액을 뿜는다. 반응성 화학 물질을 몸속에 지니고 있다가, 방해를 받으면 효소가 혼합되어 들어 있는 반응실에 이 화학 물질을 방출한다. 효소는 일련의 화학 반응을 일으켜 따가운 분무액을 만들어낸다.

내가 좋아하는 폭탄먼지벌레 이야기는 찰스 다윈의 자서전에 실려 있던 것이다. 딱정벌레 수집은 빅토리아 시대 잉글랜드에서 한창 인기를 끌었는데, 다윈은 채집에 매우 능했다. 그의 자서전에는 이런 일화가 실려 있다.

"하루는 오래된 나무의 껍질을 벗기다가 진귀한 딱정벌레 두 마리를 보았다. 한 손에 한 마리씩 집어들고 보니 세 번째로 다른 종류의 딱정벌레가 나타났다. 그 녀석을 놓칠 수 없었기에 나는 오른손에 들고 있던 것을 입에 집어넣었다. 그런데 세상에, 그 녀석이 지독한 분비액을 싸버렸다! 어찌나 독하던지 혀가 타는 듯해서 딱정벌레를 뱉어내야만 했다. 그 바람에 그 녀석을 잃어버렸을 뿐만 아니라 세 번째 녀석도 놓쳐버렸다."(한국어판 61~12쪽)―찰스 다윈

최근에 창조론자들은 폭탄먼지벌레의 독액 발사 메커니즘이 이토록 복잡한 것을 보면 설계되었음이 틀림없다고 주장했다. 마크 이저크^{MARK ISAAK}는 『창조론자 격퇴 안내서^{THE COUNTER-CREATIONISTS HANDBOOK}』에서 이 주장을 조목조목 반박했다.

봉바르디에 교수의 이름 베아트리스는 단테의 『신곡』에서 작중 인물 단테에게 연옥을 안내한 등장인물 베아트리체에서 딴 것이다. 우리의 주인공들이 연옥에 떨어진 것은 아니지만, 봉바르디에 교수는 난처한 상황에서 꾸준히 탈출구를 찾아낸다.

139쪽 · 루시가 상동^{相同} 개념을 발견하려는 참이다. 상동 형질은 두 종이 그 형질을 지닌 공통 조상의 후손이어서 공유하는 특징이다. 그렇다면 양서류, 파충류, 조류, 포유류는 왜 모두 사지가 네 개일까? 그것은 우리가 모두 네 사지를 가지고 뭍으로 올라온, 물고기 비슷한 고대 생물의 후손이기 때문이다.

8장

158쪽 · 박쥐는 초음파를 쏘아 길을 찾고 먹잇감을 사냥한다. 자기가 내는 소리의 반향을 들어서 물체가 얼마나 멀리 있는지, 어느 방향으로 움직이는지 알아낸다. 박쥐는 곤충을 사냥하기 때문에, 많은 곤충이 박쥐의 초음파를 탐지하고 회피하는 능력을 진화시킨 것은 놀랄 일이 아니다. 일부 딱정벌레 말고도 수많은 나비, 나방, 풀잠자리가 이 근사한 솜씨를 부릴 줄 안다.

160쪽 · 유조동물의 콧물 공격을 보고 싶으면 데이비드 애튼버러^{DAVID ATTENBOROUGH}의 빼어난 다큐멘터리 시리즈 『덤불 속 생명^{LIFE IN THE UNDERGROWTH}』에서 「땅을 습격하다^{INVASION OF THE LAND}」를 보라.

9장

171쪽 · 미리엄은 땅굴 파는 딱정벌레^{MYCOTRUPES GAIGEI}를 모델로 삼았다. 이 녀석은 모래질 토양에 서식하는 작은 딱정벌레다. 1954년에 올슨^{A. L. OLSON}, 허블^{T. H. HUBBEL}, 하우든^{H. F. HOWDEN}은 플로리다에 서식하는 개체군에 대한 방대한 연구 결과를 발표했다. 미리엄의 성이 베들로인 것은 땅굴에 집(과 침실)을 짓기 때문이다. 올슨, 허블, 하우든은 실제 쓰이는 굴이 땅속 90센티미터까지 뻗어 있는 것을 발견했다. 땅 파기는 미리엄의 핏속에 스며 있는 듯하다(이 경우는 혈액림프^{HEMOLYMPH}라고 해야 하나?).

174쪽 · 『다윈 이전^{BEFORE DARWIN}』에서 키스 톰프슨^{KEITH THOMPSON}이 말하듯, 지구가 이레 만에 창조되었다고 믿는 사람들은 초창기 화석이 많이 알려지자 이 화석이 '그냥 돌멩이^{FORMED STONE}'이며 우연히 생물을 닮았을 뿐이라고 우겼다.

178쪽 · 신의 증거를 찾기 위해 과학을 이용하려 드는 것은 흔한 일이다. 최근의 가장 두드러진 사례는 (실패한) 지적 설계 운동이다.

10장

194쪽 2칸 그림 · 잭 커비$^{JACK\ KIRBY}$(미국의 만화가—옮긴이)처럼 기계를 그린 사람은 아무도 없다. 데즈카의 『우주소년 아톰』 단면도가 내게 영감을 주었다면 잭 커비의 기계는 내 마음을 빼앗아갔다. 그의 그림을 보면 먼 미래의 또 다른 차원에서 온 도면을 보는 것 같았다. 래프의 머리는 데즈카의 설계를 따랐지만 심장은 오로지 커비의 작품이다.

195쪽 · 큰아들 맥스가 서너 살 때 내게 저렇게 말했다. 맥스는 과학자와 시인의 눈으로 세상을 보는 신기한 재능이 있다. 내가 사랑하는 사람을 안고 있을 때에도 저 구절이 머릿속에 떠오른다.

198쪽 · 물맴이 잡으려고 시도해본 사람? 물맴이는 프라이팬 표면을 굴러다니는 기름방울 같다. 물가에서 떼를 지어 헤엄치는데, 이들의 움직임을 보노라면 웃음을 참을 수 없다.

199쪽 · 물맴이는 작고 귀여울지는 모르지만, 나약함과는 거리가 멀다. 물맴이독^{GYRINIDAL}이라는 독성 화학 물질을 분비하여 물고기가 당장 자신을 뱉어 내도록 할 수 있다. 『비밀 무기』에 자세히 나와 있다.

200쪽 · 1970년대에 우리 가족은 드라마 〈해피 데이스$^{HAPPY\ DAYS}$〉와 〈러번과 셜리$^{LAVERNE\ AND\ SHIRLEY}$〉를 열심히 시청했다. 나는 〈러번과 셜리〉에서 「큰 꿈$^{HIGH\ HOPES}$」이라는 노래를 처음 들었다. 가사에 고무나무를 옮기고 싶어 하는 개미 이야기가 나온다. 물론 개미가 고무나무를 옮기지 못한다는 것은 누구나 알지만, 개미의 꿈은 컸다.

200쪽 · 매도그가 약탈자개미 이야기를 들려준다. 동생은 '마이너^{MINOR}'라고 부르고 언니는 '메이저^{MAJOR}'라고 부른다. 개미에 대해서는 좋은 책이 많지만, 약탈자개미에 대해 알고 싶으면 개미학자이자 사진가 마크 모펏$^{MARK\ MOFFETT}$이 쓴 『개미와의 모험$^{ADVENTURES\ AMONG\ ANTS}$』을 참고하라.

201쪽 · 사회적 곤충에 대해서는 좋은 책이 많은데, 그중에서 몇 권만 추천하겠다. 개미에 대해서는 베르트 휠도블러$^{BERT\ HÖLLDOBLER}$와 E. O. 윌슨$^{E.\ O.\ WILSON}$이 쓴 『가위개미: 본능에 의한 문명$^{THE\ LEAFCUTTER\ ANTS:\ CIVILIZATION\ BY\ INSTINCT}$』이 가장 복잡한 사회 중 하나인 개미 사회에 대한 흥미롭고 쉬운 입문서다. 아름다운 만화와 그림이 담긴 책을 읽으며 부담 없이 개미를 접하고 싶다면 제리 프로서$^{JERRY\ PROSSER}$와 릭 기어리$^{RICK\ GEARY}$의 『사이버앤틱스: 작은 모험$^{CYBERANTICS:\ A\ LITTLE\ ADVENTURE}$』을 적극 추천한다. 벌에 대해 더 알고 싶을 때 나는 마크 윈스턴$^{MARK\ WINSTON}$이 쓴 『꿀벌의 생물학$^{THE\ BIOLOGY\ OF\ THE\ HONEY\ BEE}$』을 읽는다. 대학원생 때 읽었는데 책을 내려놓을 수 없었다. 니유키라는 이름의 꿀벌에 대한 나의 그래픽노블 전기 『꿀벌가문 족보제작 프로젝트』(서해문집)에 결정적 영감을 준 책이다. 만화책으로 벌에 대해 배우고 싶다면 당연히 『꿀벌가문 족보제작 프로젝트』를 추천한다.

202쪽 · 이 가사는 베어풋 블루그래스$^{BEARFOOT\ BLUEGRASS}$라는 밴드의 노래 「나를 따라와$^{FOLLOW\ ME}$」에서 땄다. 주니아타 대학 예술가 프로그램 덕에 베어풋 블루그래스의 공연을 볼 기회가 있었다. 부모님이 함께 계셔서 두 분 다 모시고 갈 수 있었기에 더욱 특별했다. 지난번에 확인해보니 부모님은 여전히 차에 『나를 따라와』 음반을 가지고 계셨다.

203쪽 · 모시에게는 우리 작은아들의 모습이 많이 들어 있다. 누가 다치면 잭은 당장 도와주러 달려간다. 친구가 축구 경기를 하다가 얼굴에 공을 맞았는데 잭은 친구에게 달려가 우리 어른들이 영문 모른 채 잠에서 깨어 달려올 때까지 친구를 팔에 안고 달래주었다. 지난해에는 튜브 썰매 타다가 무모한 아이 때문에 자빠진 1학년생을 구하려고 썰매들을 헤치고 달려갔다. '모시'는 리사의 할아버지 드모스DEMOSS의 별명이었다. 흥미롭게도 그분이 돌아가신 뒤에 가족들은 그분의 진짜 이름이 애덤이라는 사실을 발견했다. 이상도 하지. 모시는 헤라클레스장수풍뎅이DYNASTES HERCULES를 모델로 삼았다.

11장

217쪽 2칸 그림 · 물거미ARGYRONETA AQUATICA는 실을 이용하여 물속에 공기 방울 집을 짓는다. 배와 다리의 잔털로 수면의 공기 방울을 거미줄 안으로 끌어당긴다. 암컷은 공기 방울 안에서 대부분의 시간을 보내지만, 수컷은 물속에서 헤엄치고 사냥하느라 많은 시간을 보낸다.

219쪽 · 일라이자는 물방개붙이DYTISCUS을 바탕으로 삼았다. 다이빙하는 딱정벌레인 물방개붙이를 처음 접한 것은 대학원에서 들은 비교생리학 수업에서였다. 비교생리학은 내가 가장 좋아한 수업이었으며 근사한 내용으로 가득했는데, 물방개붙이가 호흡하는 방법이야말로 내가 기억하기로 단연 가장 근사했다. 추측에 따르면 물방개붙이는 수면 가까이에서 헤엄칠 때면 산소가 공기 방울 안으로 확산되어 처음보다 최대 7배나 많은 산소를 공급한다. 하지만 너무 깊이 다이빙하면 압력 때문에 산소가 빠져나가 공기 방울이 터진다.

12장

231쪽 · 어떤 개미 생물학자가 개미를 세상에서 가장 끔찍한 생물로 묘사하는 것을 들은 적이 있다. 한 군체의 영토가 다른 군체의 영토와 맞닿은 곳에서는 사체가 더미를 이룬다. 게다가 어떤 종은 이웃 보금자리에서 애벌레를 포획하여 길러서 노예로 삼는다.

232쪽 · 작은 반날개는 이름이 '벅스BUGS'인데, 내가 좋아하는 다혈질 벅스 버니BUGS BUNNY에서 땄다. 아버지와 나는 기회가 있을 때마다 벅스 버니 만화를 봤다. 대부분의 시리즈에서 벅스는 도발을 받았을 때만 발끈하지만, 초창기 만화에서는 이유 없이 분란을 일으킨다. 나의 벅스는 초창기 벅스 버니에 훨씬 가깝다. 지금 생각해보니 브레어 래빗BR'ER RABBIT(조엘 챈들러 해리스의 소설에 등장하는 토끼—옮긴이) 느낌도 난다.

232쪽 6칸 그림 · 앞에서 말했듯 포식자와 기생생물은 다른 동물이 소통하는 데 쓰는 부호를 흉내 낼 수 있다. 반날개를 비롯한 수많은 곤충(말벌, 나비, 딱정벌레 등)은 개미의 페로몬 소통 부호를 흉내 내도록 진화했다. 페로몬은 한 생물이 다른 생물의 행동을 바꾸기 위해 분비하는 화학 물질이다. 이를테면 큰파란나비ALCON BLUE BUTTERFLY 애벌레는 개미 애벌레 같은 냄새를 방출하여 개미에게 돌봄을 받는다. 이 이야기는 『덤불 속 생명』의 「친밀한 관계」 편에 아름답게 묘사되어 있다. 벅스 말마따나 식량이 무한정 공급되는 안전하고 편안한 땅속에서 사는 것은 방어 수단이 별로 없는 곤충 애벌레에게 이상적인 상황이다.

236쪽 · 개미집은 엄청나게 클 수도 있다. 루이스 포르지LUIS FORGI 연구진은 가위개미의 버려진 개미집에 콘크

237쪽 · 개미집에는 개미 수백만 마리가 있기 때문에 공격자에게 덤벼들 총알받이가 얼마든지 있다. 개미들이 머리를 잃는 것은 개미 군체 전체로 보면 사소한 대가다. 실제로 개미 군체를 초개체^{SUPERORGANISM}로 보는 사람들은 개미 한 마리를 잃는 것이 고양이 발톱을 막다가 피부 세포 몇 개가 떨어져 나가는 것과 같다고 생각한다. 초개체는 개미 같은 사회적 곤충에 대해 생각하는 흥미로운 방식이다. 윌슨과 횔도블러는 책 『개미 세계 여행』(범양사)에서 "외톨이 개미 한 마리란 그야말로 하나의 실망스런 존재이고 전혀 진짜 개미라고 할 수 없다"(한국어판 145쪽)라는 명언을 남겼다. 말하자면 개미가 된다는 것은 개미들이 함께 성취하는 일에 매인다는 뜻이다. 이 장면은 앞선 싸움의 기념물로 다리에 개미 머리를 붙이고 있는 딱정벌레들의 사진에서 영감을 얻었다(『전략의 귀재들 곤충』 한국어판 334쪽).

239쪽 · 벅스는 개미사돈딱정벌레$^{MYRMECOPHILUS\ BEETLE(ATEMELES\ PUBICOLLIS)}$를 바탕으로 삼았다. 이 딱정벌레의 모든 것을 알고 싶다면 윌슨과 횔도블러의 『개미 세계 여행』에서 '사회적 기생자' 장을 참고하라. 184쪽과 185쪽(한국어판) 그림에 특히 주목하라. 이 행동적 상호 작용을 묘사할 때 참고한 시각 자료다.

240쪽 · 늘어나는 팔은 비현실적 SF 기술 중에서도 가장 대단한 기술이다. 내가 좋아하는 것은 타의 추종을 불허하는 만화가 스티브 딧코$^{STEVE\ DITKO}$가 그린 닥터 옥토퍼스의 꿈틀거리는 촉수다.

244쪽 · 코키는 칠성무당벌레속^{COCCINELLA} 무당벌레를 모델로 삼았다. 이 학명을 줄이고 철자를 바꾼 것은 내가 좋아하는 뉴스 해설가 코키 로버츠$^{COKIE\ ROBERTS}$를 기리기 위해서다.

246쪽 · 1970년대 중엽에 나는 헐렁한 거래니멀스^{GARANIMALS} 바지를 입어야 했다. 잊을 수 없는 경험이었다.

13장

256쪽 · 이 페이지는 리사가 충수 천공으로 병원에 입원한 첫날 그렸다. 봉바르디에 교수의 말은 리사가 받은 스트레스의 극히 일부를 나타낸다.

257쪽 · 나비를 그리는 일은 늘 고역이었다. 가장 큰 이유는 나비를 아주 가까이에서 본 적이 없기 때문이다. 그래서 이 페이지는 나의 무척추동물생물학 연구실에 소장된 표본을 보고 그렸다. 실제로 보면 꽤 예쁘다.

262쪽 · 지금 여러분 머리 위에는 수많은 곤충이 날아다니고 있다. 이 현상을 제대로 이해하려면 휴 래플스$^{HUGH\ RAFFLES}$의 『인섹토피디아』(21세기북스)에서 '하늘' 장을 참고하라. 스토리텔링과 애니메이션을 더 좋아하면 로버트 크럴위치$^{ROBERT\ KRULWICH}$의 NPR 프로그램 『위를 봐! 우리가 볼 수 없는 수십억 마리의 벌레 고속도로$^{LOOK\ UP!\ THE\ BILLION-BUG\ HIGHWAY\ YOU\ CAN'T\ SEE}$』를 보라. 링크는 참고 문헌에 있다.

263쪽 · 몸집이 클수록 몸이 차가워지거나 따뜻해지는 데 시간이 오래 걸린다. 그것은 몸집이 클수록 표면적(피부)에 비해 부피(피부 아래의 모든 것)가 크기 때문이다. 작은 생물은 몸속의 열을 잃기 쉬운데, 이것은 모든 장기가 표면에 비교적 가까이 있기 때문이다. 하지만 물체가 커지면 부피는 세제곱씩 증가하는 반면에 표면적은 제곱씩밖에 증가하지 않는다. 수학적으로 말하자면 생물의 부피는 표면적보다 빠르게 증가한다. 따라서, 아주 큰 동물의 장기는 표면에서 비교적 멀리 떨어져 있기 때문에 열을 간직하기 쉽다.

265쪽・ 이 책은 딱정벌레BEETLES에 대한 것이니만큼 비틀스BEATLES에 대한 말장난으로 도배하려는 유혹을 느꼈지만, 꾹 참고 이것 하나만 넣었다.

14장

273쪽・ 거대 로봇은 근사하다. 악당일지라도. 내가 개인적으로 좋아하는 것은 메카고지라メカゴジラ와 철인28호鉄人28号다.

283쪽・ 휴면CRYPTOBIOSIS은 일부 생물이 극한의 조건에서 가사假死 상태에 빠져 생명을 유지하는 놀라운 능력이다. 최고의 휴면 능력을 갖춘 생물은 곤충이 아니라 완보동물TARDIGRADE('물곰WATER BEAR'이라고도 한다)이다. 이 작은 짐승은 수면이나 여러 식물에서 사는데, 아주 덥거나 춥거나 건조한 환경에서도 살아남을 수 있다. 심지어 아무것도 없는—심지어 빛조차 들어오지 않는—곳에서도 거뜬히 버틴다. 완보동물은 대사 속도를 정상 속도의 600분의 1까지 낮출 수 있다. 오언의 휴면실은 루시의 알을 살려두기 위해 이 생물학 현상을 이용한 것이 틀림없다.

286쪽・ 루시가 손을 자르는 장면을 보기 괴로운 것은 우리가 그러는 것이 쉽지 않기 때문이다. 사실 우리는 당장 치료하지 않으면 출혈 때문에 목숨을 잃을 것이다. 하지만 곤충은 부속지를 잃고도 멀쩡하게 돌아다니는 일이 예사다. 수업에서나 아이들과 곤충을 채집하다 보면 다리 한두 개나 더듬이를 잃은 표본을 발견하는 경우가 종종 있다.

290쪽・ 1860년에 옥스퍼드 대학에서 생물학자 T. H. 헉슬리T. H. HUXLEY와 진화에 대한 논쟁을 벌이던 중에 윌버포스SAMUEL WILBERFORCE 대주교는 헉슬리에게 할아버지 가계와 할머니 가계 중에서 어느 쪽이 원숭이의 후손이냐고 거듭 물었다. 헉슬리는 진리를 가리는 데 웅변 재능을 이용하는 인간(즉, 윌버포스)과 친척이기보다는 차라리 원숭이의 후손인 게 낫다고 대답했다고 한다. ("WILBERFORCE AND HUXLEY: A LEGENDARY ENCOUNTER", *THE HISTORICAL JOURNAL*, VOLUME 22, ISSUE 02, JUNE 1979, pp. 313-330)

292쪽・ 남방장수풍뎅이RHINOCEROS BEETLE는 이름에서 보듯 헤라클레스장수풍뎅이HERCULES BEETLE의 일종이며 힘이 꽤 세다. 얼마나 셀까? 인터넷을 조금만 뒤져보면 남방장수풍뎅이가 자기 몸무게의 850배를 들어올릴 수 있다고 주장하는 웹사이트를 여럿 찾아볼 수 있다. 이 주장의 출처는 『기네스북』인 듯하지만, 이 수치를 뒷받침하는 과학적 증거는 찾을 수 없었다. 로저 크램RODGER KRAM(생체역학자—옮긴이)도 알지 못했다. 칼 짐머CARL ZIMMER가 《디스커버 매거진DISCOVER MAGAZINE》에 쓴 기사 「짐 진 딱정벌레BEETLE OF BURDEN」에 따르면 크램은 저 주장을 접하고서 실험을 계획했다. 《실험생물학 저널JOURNAL OF EXPERIMENTAL BIOLOGY》에 발표된 그의 실험 결과에 따르면 남방장수풍뎅이는 자기 몸무게의 100배를 들어올릴 수 있다. 850배까지는 아니지만 그래도 대단하다. 이 논문에서 흥미로운 발견은 남방장수풍뎅이가 이 무게를 아주 효율적으로—기존 대사 모형에서 예측하는 것보다 훨씬 적은 에너지를 써서—나를 수 있다는 것이다.

15장

299쪽 1칸 그림 · 사막개미$^{CATAGLYPHIS\ FORTIS}$에게는 이 놀라운 능력이 있다. 사막개미는 한낮의 뜨거운 태양 아래에서 보금자리를 떠나, 더위 먹은 먹잇감 곤충을 찾아다닌다. 그러려면 오만 방향으로 돌아다녀야 하지만, 녀석은 먹잇감을 찾았으면 돌아서서 직진으로 보금자리에 돌아온다. 이를 위해서는 개미집에서의 방향과 거리 정보를 통합해야 한다. 방향은 태양 같은 하늘의 단서를 이용한다. 개미집에서의 거리를 측정하기 위해서는 먹이를 찾는 동안 몇 걸음을 이동했는지 계산한다. 과학자들은 사막개미의 다리 끝을 잘라내거나 다리에 말총 죽마를 붙여 다리 길이를 바꾸고 개미의 행동을 관찰하여 이런 결론을 얻었다. 이들의 결론은 《사이언스^{SCIENCE}》(THE ANT ODOMETER: STEPPING ON STILTS AND STUMPS", VOL 312, 30 JUNE 2006, pp. 1965-1967)에 실렸다.

301쪽 · 가미시바이^{紙芝居}(그림 연극—옮긴이)는 사람들 앞에서 그림과 함께 이야기를 들려주는 매혹적인 일본 전통 공연 양식이다(이 책에서는 영어식으로 '카마시베이$^{KAMA-SHEEBAY}$'로 표기했다). 이 종이 극장에서 공연하는 사람을 '가미시바이야'라고 한다. 매도그의 공연 방식은 에릭 P. 내시$^{ERIC\ P.\ NASH}$의 『망가 가미시바이$^{MANGA\ KAMISHIBAI}$』를 참고했다.

303쪽 5칸 그림 · 루시라는 이름은 이 이야기에서 특별한 의미가 있다. 친할머니와 외할머니 두 분 다 성함이 루실^{LUCILLE}이었으며 리사의 증조할머니는 루차^{LUCIA}였다. 맥스가 여자로 태어났으면 이름을 '루시'로 지었을 것이다. 루시는 고인류학자 도널드 조핸슨$^{DONALD\ JOHANSON}$이 발견한 중요한 호미니드 화석 오스트랄로피테쿠스 아파렌시스$^{AUSTRALOPITHECUS\ AFARENSIS}$의 이름이기도 하다. 나는 조핸슨의 책을 1970년대부터 지금까지 가지고 있다. 연구자들이 화석에 루시라는 이름을 붙인 것은 발견을 축하할 때 비틀스의 노래 「루시 인 더 스카이 위드 다이어먼즈$^{LUCY\ IN\ THE\ SKY\ WITH\ DIAMONDS}$」가 흘러나오고 있었기 때문이다. 이 책에 나오는 사막 거인이 오스트랄로피테쿠스는 아니지만, 이렇게 중요한 인간 화석의 발견자 이름은 루시로 하는 게 적절할 것 같았다. 이 페이지에는 루시의 마지막 출처가 등장한다. 찰스 슐츠$^{CHARLES\ SCHULZ}$는 내 삶에 막대한 영향을 미쳤으며 만화를 그리려는 욕망을 불러일으켰다. 축구공을 낚아채어 찰리 브라운을 골리는 루시 반 펠트$^{LUCY\ VAN\ PELT}$를 그녀의 엄마는 '세계 제일의 수다쟁이$^{WORLD'S\ GREATEST\ FUSSBUDGET}$'라고 부른다.

참고 자료

책

- Beckman, Poul. *Living Jewels: The Natural Design of Beetles*. Prestel Publishing: New York, NY.
- Darwin, Charles. *The Autobiography of Charles Darwin* (재출간). W. W. Norton and Co.: New York, NY. 한국어판은 『나의 삶은 서서히 진화해왔다』(갈라파고스).
- Eisner, Thomas, Maria Eisner and Melody Eisner. *Secret Weapons*. The Belknap Press of Harvard University Press: Cambridge, MA.
- Eisner, Thomsa. *For Love on Insects*. The Belknap Press of Harvard University Press: Cambridge, MA. 한국어판은 『전략의 귀재들 곤충』(삼인).
- Ekert, Roger, David Randall and George Augustine. *Animal Physiology*, 1st ed. W. H. Freeman Co.: New York, NY. 한국어판은 『동물 생리학』(월드사이언스).
- Evans, Arthur and Charles Bellamy, *An Inordinate Fondness for Beetles*. Henry Holt and Co.: New York, NY. 한국어판은 『딱정벌레의 세계』(까치).
- Hölldobler, Bert and E. O. Wilson. *Journey to the Ants: A Story of Scientific Exploration*. The Belknap Press of Harvard University Press, Cambridge, MA. 한국어판은 『개미 세계 여행』(범양사).
- Hölldobler, Bert and E. O. Wilson. *The Leafcutter Ants: Civilization by Instinct*. W. W. Norton and Co.: New York, NY.
- Hosler, Jay. *Clan Apis*. Active Synapse Comics: Columbus, OH. 한국어판은 『꿀벌가문 족보제작 프로젝트』(서해문집).
- Isaak, Mark. *The Counter-Creationist Handbook*. University of California Press: Berkeley, CA.
- McCarthy, Helen. *The Art of Osamu Tezuka, God of Manga*. Abrams Comicarts: New York, NY.
- Moffett, Mark. *Adventures among Ants*. University of California Press: Berkeley, CA.
- Nash, Eric P. *Manga Kamishibai: The Art of Japanese Paper Theatre*. Abrams Comicarts: New York, NY.
- Prosser, Jerry, Rick Geary and Stanislaw Mayakovsky. *Cyberantics*. Dark Horse Comics: Milwaukie, OR.

- Raffles, Hugh. *Insectopedia*. Vintage: New York, NY. 한국어판은 『인섹토피디아』(21세기북스).
- Thompson, Keith. *Before Darwin*. Yale University Press: New Haven, CT.
- Winston, Mark. *The Biology of the Honey Bee*. Harvard University Press: Cambridge, MA.

논문

- Briscoe A. D., Macias-Muñoz A., Kozak K. M., Walters J. R., Yuan F., et al. (2013). "Female Behaviour Drives Expression and Evolution of Gustatory Receptors in Butterflies." *PLoS Genetics*, July 11, 2013.
- Chadwick, D. and M. Moffett (1998). "Planet of the Beetles." *National Geographic*, March 1998 vol. 193, no. 3.
- Hosler J. S., Burns J. E., Esch H. E. (2000) "Flight Muscle Resting Potential and Species-specific Differences in Chill-coma." *Journal of Insect Physiology*. 46(5):621-627.
- Kram, R. (1996) "Inexpensive Load Carrying by Rhinoceros Beetles." *Journal of Experimental Biology*, 199(Pt3):609-12.
- Lucas, J. R. (1979) "Wilberforce and Huxley: a Legendary Encounter." *The Historical Journal*. Vol. 22, Issue 02, pp. 313-330.
- Maharbiz, Michel M. and Hirotaka Sato (2010). "Cyborg Beetles: Merging of Machine and Insect to Create Flying Robots." *Scientific American*, December 2010.
- Olson, Ada L., T. H. Hubbell, and H. F. Howden (1954). "The Burrowing Beetles of the Genus Mycotrupes (Coleoptera: Scarabaeidae: Geotrupinae)." Miscellaneous Publications, Museum of Zoology, University of Michigan, No. 84.
- Peakall, D. B. (1971). "Conservation of web proteins in the spider Araneus diadematus." *Journal of Experimental Zoology*, Vol. 176, p. 257.
- Penney, David, Caroline Wadsworth, Graeme Fox, Sandra L. Kennedy, Richard F. Preziosi, Terence A. Brown (2013). "Absence of Ancient DNA in Sub-Fossil Insect Inclusions Preserved in 'Anthropocene' Colombian Copal." *PLoS ONE*, September 11, 2013.
- Scott, Michelle Pellissier (1998). "The Ecology and Behavior of Burying Beetles." *Annual Review of Entomology*, 43:595-618.
- Townley, Mark A. and Edward K. Tillinghast (1988). "Orb Web Recycling in *Araneus cavaticus* (Araneae, Araneidae) with an Emphasis on the Adhesive Spiral Component, Gabamide." *Journal of Arachnology*, Vol. 16, No. 3, pp. 303-319.
- Westneat, Mark W., Oliver Betz, Richard W. Blob, Kamel Fezzaa, W. James Cooper and Wah-Keat Lee. (2003). "Tracheal Respiration in Insects Visualized with Synchrotron X-ray Imaging." *Science*, January 24, 2003, vol. 299, No. 5606, pp. 558-560.
- Wittlinger, Matthias, Rüdiger Wehner, Harald Wolf (2006). "The Ant Odometer: Stepping on Stilts and

Stumps." *Science*, Vol. 312, No. 5782, pp. 1965-1967.

· Zimmer, Carl (1996). "Beetle of Burden." *Discover Magazine*, April issue.

동영상

· *Life in the Undergrowth* (2006). Hosted by David Attenborough. BBC Home Entertainment

· *Look Up! The Billion-Bug Highway You Can't See*.
http://www.npr.org/blogs/krulwich/2011/06/01/128389587/look-up-the-billion-bug-highway-you-cant-see

어메이징
샌드워커

1판 1쇄 펴냄 2016년 9월 5일
2판 1쇄 찍음 2018년 2월 13일
2판 1쇄 펴냄 2018년 2월 20일

글·그림 제이 호슬러
옮긴이 노승영

주간 김현숙 | **편집** 변효현, 김주희
디자인 이현정, 전미혜
영업 백국현, 도진호 | **관리** 김옥연

펴낸곳 궁리출판 | **펴낸이** 이갑수

등록 1999년 3월 29일 제300-2004-162호
주소 10881 경기도 파주시 회동길 325-12
전화 031-955-9818 | **팩스** 031-955-9848
홈페이지 www.kungree.com
전자우편 kungree@kungree.com
페이스북 /kungreepress | **트위터** @kungreepress

ⓒ 궁리, 2016.

ISBN 978-89-5820-492-3 07470

값 15,000원

* 이 책은 『작은 딱정벌레의 위대한 탐험』(2016, 궁리)을 새롭게 펴낸 것이다.